珍 藏 版

Philosopher's Stone Series

哲人石丛书

立足当代科学前沿

彰显当代科技名家

绍介当代科学思潮

激扬科技创新精神

珍藏版策划

王世平　　姚建国　　匡志强

出版统筹

殷晓岚　　王怡昀

反物质
世界的终极镜像

Antimatter

The Ultimate
Mirror

Gordon Fraser

[英] 戈登·弗雷泽 —— 著

江向东　黄艳华 —— 译

 上海科技教育出版社

"哲人石",架设科学与人文之间的桥梁

"哲人石丛书"对于同时钟情于科学与人文的读者必不陌生。从1998年到2018年,这套丛书已经执着地出版了20年,坚持不懈地履行着"立足当代科学前沿,彰显当代科技名家,绍介当代科学思潮,激扬科技创新精神"的出版宗旨,勉力在科学与人文之间架设着桥梁。《辞海》对"哲人之石"的解释是:"中世纪欧洲炼金术士幻想通过炼制得到的一种奇石。据说能医病延年,提精养神,并用以制作长生不老之药。还可用来触发各种物质变化,点石成金,故又译'点金石'。"炼金术、炼丹术无论在中国还是西方,都有悠久传统,现代化学正是从这一传统中发展起来的。以"哲人石"冠名,既隐喻了科学是人类的一种终极追求,又赋予了这套丛书更多的人文内涵。

1997年对于"哲人石丛书"而言是关键性的一年。那一年,时任上海科技教育出版社社长兼总编辑的翁经义先生频频往返于京沪之间,同中国科学院北京天文台(今国家天文台)热衷于科普事业的天体物理学家卞毓麟先生和即将获得北京大学科学哲学博士学位的潘涛先生,一起紧锣密鼓地筹划"哲人石丛书"的大局,乃至共商"哲人石"的具体选题,前后不下十余次。1998年年底,《确定性的终结——时间、混沌与新自然法则》等"哲人石丛书"首批5种图书问世。因其选题新颖、译笔谨严、印制精美,迅即受到科普界和广大读者的关注。随后,丛书又推

出诸多时代感强、感染力深的科普精品,逐渐成为国内颇有影响的科普品牌。

"哲人石丛书"包含4个系列,分别为"当代科普名著系列"、"当代科技名家传记系列"、"当代科学思潮系列"和"科学史与科学文化系列",连续被列为国家"九五"、"十五"、"十一五"、"十二五"、"十三五"重点图书,目前已达128个品种。丛书出版20年来,在业界和社会上产生了巨大影响,受到读者和媒体的广泛关注,并频频获奖,如全国优秀科普作品奖、中国科普作协优秀科普作品奖金奖、全国十大科普好书、科学家推介的20世纪科普佳作、文津图书奖、吴大猷科学普及著作奖佳作奖、《Newton-科学世界》杯优秀科普作品奖、上海图书奖等。

对于不少读者而言,这20年是在"哲人石丛书"的陪伴下度过的。2000年,人类基因组工作草图亮相,人们通过《人之书——人类基因组计划透视》、《生物技术世纪——用基因重塑世界》来了解基因技术的来龙去脉和伟大前景;2002年,诺贝尔奖得主纳什的传记电影《美丽心灵》获奥斯卡最佳影片奖,人们通过《美丽心灵——纳什传》来全面了解这位数学奇才的传奇人生,而2015年纳什夫妇不幸遭遇车祸去世,这本传记再次吸引了公众的目光;2005年是狭义相对论发表100周年和世界物理年,人们通过《爱因斯坦奇迹年——改变物理学面貌的五篇论文》、《恋爱中的爱因斯坦——科学罗曼史》等来重温科学史上的革命性时刻和爱因斯坦的传奇故事;2009年,当甲型H1N1流感在世界各地传播着恐慌之际,《大流感——最致命瘟疫的史诗》成为人们获得流感的科学和历史知识的首选读物;2013年,《希格斯——"上帝粒子"的发明与发现》在8月刚刚揭秘希格斯粒子为何被称为"上帝粒子",两个月之后这一科学发现就勇夺诺贝尔物理学奖;2017年关于引力波的探测工作获得诺贝尔物理学奖,《传播,以思想的速度——爱因斯坦与引力波》为读者展示了物理学家为揭示相对论所预言的引力波而进行的历时70年的探索……"哲人石丛书"还精选了诸多顶级科学大师的传记,《迷人的科学风采——费恩曼传》、《星云世界的水手——哈勃传》、《美丽心灵——纳什传》、《人生舞台——阿西莫夫自传》、《知无涯者——拉马努金传》、《逻辑人生——哥德尔传》、《展演科学的艺术家——萨根传》、《为世界而生——霍奇金传》、《天才的拓荒者——冯·诺伊曼传》、《量子、猫与罗曼史——薛定谔传》……细细追踪大师们的岁月足迹，科学的力量便会润物细无声地拂过每个读者的心田。

"哲人石丛书"经过20年的磨砺，如今已经成为科学文化图书领域的一个品牌，也成为上海科技教育出版社的一面旗帜。20年来，图书市场和出版社在不断变化，于是经常会有人问："那么，'哲人石丛书'还出下去吗？"而出版社的回答总是："不但要继续出下去，而且要出得更好，使精品变得更精！"

"哲人石丛书"的成长，离不开与之相关的每个人的努力，尤其是各位专家学者的支持与扶助，各位读者的厚爱与鼓励。在"哲人石丛书"出版20周年之际，我们特意推出这套"哲人石丛书珍藏版"，对已出版的品种优中选优，精心打磨，以全新的形式与读者见面。

阿西莫夫曾说过："对宏伟的科学世界有初步的了解会带来巨大的满足感，使年轻人受到鼓舞，实现求知的欲望，并对人类心智的惊人潜力和成就有更深的理解与欣赏。"但愿我们的丛书能助推各位读者朝向这个目标前行。我们衷心希望，喜欢"哲人石丛书"的朋友能一如既往地偏爱它，而原本不了解"哲人石丛书"的朋友能多多了解它从而爱上它。

上海科技教育出版社

2018年5月10日

学者对谈

"哲人石丛书"：20年科学文化的不懈追求

◇ 江晓原(上海交通大学科学史与科学文化研究院教授)
◆ 刘兵(清华大学社会科学学院教授)

◇ 著名的"哲人石丛书"发端于1998年,迄今已经持续整整20年,先后出版的品种已达128种。丛书的策划人是潘涛、卞毓麟、翁经义。虽然他们都已经转任或退休,但"哲人石丛书"在他们的后任手中持续出版至今,这也是一幅相当感人的图景。

说起我和"哲人石丛书"的渊源,应该也算非常之早了。从一开始,我就打算将这套丛书收集全,迄今为止还是做到了的——这必须感谢出版社的慷慨。我还曾向丛书策划人潘涛提出,一次不要推出太多品种,因为想收全这套丛书的,应该大有人在。将心比心,如果出版社一次推出太多品种,读书人万一兴趣减弱或不愿一次掏钱太多,放弃了收全的打算,以后就不会再每种都购买了。这一点其实是所有开放式丛书都应该注意的。

"哲人石丛书"被一些人士称为"高级科普",但我觉得这个称呼实在是太贬低这套丛书了。基于半个世纪前中国公众受教育程度普遍低下的现实而形成的传统"科普"概念,是这样一幅图景:广大公众对科学技术极其景仰却又懂得很少,他们就像一群嗷嗷待哺的孩子,仰望着高踞云端的科学家们,而科学家则将科学知识"普及"(即"深入浅出地"

单向灌输)给他们。到了今天,中国公众的受教育程度普遍提高,最基础的科学教育都已经在学校课程中完成,上面这幅图景早就时过境迁。传统"科普"概念既已过时,鄙意以为就不宜再将优秀的"哲人石丛书"放进"高级科普"的框架中了。

◆ 其实,这些年来,图书市场上科学文化类,或者说大致可以归为此类的丛书,还有若干套,但在这些丛书中,从规模上讲,"哲人石丛书"应该是做得最大了。这是非常不容易的。因为从经济效益上讲,在这些年的图书市场上,科学文化类的图书一般很少有可观的盈利。出版社出版这类图书,更多地是在尽一种社会责任。

但从另一方面看,这些图书的长久影响力又是非常之大的。你刚刚提到"高级科普"的概念,其实这个概念也还是相对模糊的。后期,"哲人石丛书"又分出了若干子系列。其中一些子系列,如"科学史与科学文化系列",里面的许多书实际上现在已经成为像科学史、科学哲学、科学传播等领域中经典的学术著作和必读书了。也就是说,不仅在普及的意义上,即使在学术的意义上,这套丛书的价值也是令人刮目相看的。

与你一样,很荣幸地,我也拥有了这套书中已出版的全部。虽然一百多部书所占空间非常之大,在帝都和魔都这样房价冲天之地,存放图书的空间成本早已远高于图书自身的定价成本,但我还是会把这套书放在书房随手可取的位置,因为经常会需要查阅其中一些书。这也恰恰说明了此套书的使用价值。

◇ "哲人石丛书"的特点是:一、多出自科学界名家、大家手笔;二、书中所谈,除了科学技术本身,更多的是与此有关的思想、哲学、历史、艺术,乃至对科学技术的反思。这种内涵更广、层次更高的作品,以"科学文化"称之,无疑是最合适的。在公众受教育程度普遍较高的西方发达社会,这样的作品正好与传统"科普"概念已被超越的现实相适应。所以"哲人石丛书"在中国又是相当超前的。

这让我想起一则八卦:前几年探索频道(Discovery Channel)的负责人访华,被中国媒体记者问道"你们如何制作这样优秀的科普节目"时,立即纠正道:"我们制作的是娱乐节目。"仿此,如果"哲人石丛书"的出版人被问道"你们如何出版这样优秀的科普书籍"时,我想他们也应该立即纠正道:"我们出版的是科学文化书籍。"

这些年来,虽然我经常鼓吹"传统科普已经过时"、"科普需要新理念"等等,这当然是因为我对科普作过一些反思,有自己的一些想法。但考察这些年持续出版的"哲人石丛书"的各个品种,却也和我的理念并无冲突。事实上,在我们两人已经持续了17年的对谈专栏"南腔北调"中,曾多次对谈过"哲人石丛书"中的品种。我想这一方面是因为丛书当初策划时的立意就足够高远、足够先进,另一方面应该也是继任者们在思想上不懈追求与时俱进的结果吧!

◆ 其实,究竟是叫"高级科普",还是叫"科学文化",在某种程度上也还是个形式问题。更重要的是,这套丛书在内容上体现出了对科学文化的传播。

随着国内出版业的发展,图书的装帧也越来越精美,"哲人石丛书"在某种程度上虽然也体现出了这种变化,但总体上讲,过去装帧得似乎还是过于朴素了一些,当然这也在同时具有了定价的优势。这次,在原来的丛书品种中再精选出版,我倒是希望能够印制装帧得更加精美一些,让读者除了阅读的收获之外,也增加一些收藏的吸引力。

由于篇幅的关系,我们在这里并没有打算系统地总结"哲人石丛书"更具体的内容上的价值,但读者的口碑是对此最好的评价,以往这套丛书也确实赢得了广泛的赞誉。一套丛书能够连续出到像"哲人石丛书"这样的时间跨度和规模,是一件非常不容易的事,但唯有这种坚持,也才是品牌确立的过程。

最后,我希望的是,"哲人石丛书"能够继续坚持以往的坚持,继续高质量地出下去,在选题上也更加突出对与科学相关的"文化"的注重,真正使它成为科学文化的经典丛书!

2018年6月1日

内容提要

　　欧洲核子研究中心的物理学家们创造了第一批真正的反物质原子,这个激动人心的消息顿时震惊了科学界。在日常世界里,反物质并不存在。而在宇宙创生之初,反物质却可能与物质同样重要。可如今宇宙中似乎只有物质而没有反物质。这是怎么回事呢?

　　面对陌生的反物质——只要不到10^{-18}克就会使一个人瞬间汽化的东西,你是不是感到非常惊奇?

　　早在1928年,物理学家狄拉克就预言了在镜像世界中存在着反物质,其中粒子上的电荷与普通物质的相反。这个预言很快就在量子尺度上被科学家所证实:电子对应着正电子,质子对应着反质子。

　　本书明快易懂地讲述了反物质这个科学幻想是如何变成科学事实的。作者尽量避免使用艰深的专业语言或复杂烦人的方程式,而是从《爱丽丝镜中奇遇记》里的镜像世界开始,通俗地介绍反物质世界。作者通过讲述物理学中的镜像对称性,循序渐进地揭示了反物质的性质。同时他还讲述了随着欧洲和美国大型粒子加速器的建成使用，由高能碰撞产生的反物质碎片如何为研究其性质提供了新的线索，如何使得在量子尺度上的反粒子的发现愈来愈激荡人心。

作者简介

　　戈登·弗雷泽(Gordon Fraser,1943—2013),瑞士日内瓦的欧洲核子研究中心《CERN 信使》(*CERN Courier*,一份涵盖高能物理学各个方面的国际性月刊)编辑,科学作家。获得伦敦帝国学院粒子物理学博士学位后,弗雷泽便投身科技刊物的出版,同时撰写科学图书。他曾作为访问学者到英国多所大学进行学术交流。著有《寻找无限——解开宇宙之谜》、《夸克机器——欧洲如何打粒子物理战》、《反物质——世界的终极镜像》、《21世纪新物理学》、《宇宙的怒火——阿卜杜斯·萨拉姆传》等。

目 录

序　言

反物质,这是一个如此熟悉同时又令人费解的名词。给一个日常概念加个简单的前缀反,马上就能扰乱人的理解并激发想象力。科学幻想小说的好素材出自富于想象力的头脑。最初的一个例子是天才的阿西莫夫(Isaac Asimov)发明了以智能驱动的机器人,它用反粒子(正电子)来确定其行动路线。然后是威廉森(Jack Williamson)的"反地球"(CT)物质。《星际迷航》(*Star Trek*)的创作者罗登伯里(Gene Roddenberry)也曾介绍过用反物质驱动的超光速宇宙飞船。

此类科学幻想小说的成功使得反物质对公众产生了不可思议的吸引力。1996年1月,一家普通报纸发表了一条来自瑞士日内瓦欧洲核子研究中心(CERN)的消息,称一个小型实验已经合成了第一批反氢原子——化学形式最简单的反物质。由于科学幻想所产生的巨大影响,这个消息引起的轰动是惊人的——几个小时之内,这几个反原子就占据了世界各地电视节目的黄金时段和无数报纸的头条。基础物理学引起公众如此丰富的想象,除了核武器的发展有过这样的影响之外,这乃是绝无仅有的。

撇开这些不谈,本书将要说明为什么反物质是严肃的科学——基本的物理学。感谢在此项工作中给予我帮助的布尔坎(Maurice Bourquin)、克洛斯(Frank Close)、坎迪(Don Cundy)、伊兹斯(John Eades)、吉利斯(James Gillies)、雅各布(Maurice Jacob)、兰杜亚(Rolf Landua)、默尔(Dieter Möhl)、奥尔勒特(Walter Oelert)、胡德布霍伊(Pervez Hoodbhoy)、侯赛因(Faheem Hussain)、德鲁瑞拉(Alvaro de Rujula)、萨顿(Christine Sutton)和丁肇中(Sam Ting)。另外,还要感谢米顿(Simon Mitton)及其剑桥大学出版社的小组。

第一章

科幻小说成为科学事实

科学家也和其他人一样读报看电视,不过,他们并不期望以这种方式了解多少专业知识。他们用自己的方式来跟上专业方面的新发展。科学的进展被翔实地记录,并有其自身的规律和约定。然而,在1996年1月发生的事情却非同寻常。经过年底的休假之后,正准备回到自己实验室的全世界的物理学家们,从大众媒体的报道中惊讶地获悉,一个小型实验取得了一项重大突破。伦敦《泰晤士报》的标题赫然写道:"科学家创造出科学幻想小说中的燃料";《华盛顿邮报》则宣称:"这一发现会导致对宇宙的不同的理解";《解放报》写的是:"在反物质的门口";《明镜周刊》写的是:"影子王国之门"。透过这些媒体的夸张渲染,物理学家们意识到,这个实验已经合成了第一批反氢原子,即化学形式最简单的反物质。

科学宣传的巨大效应是由来自瑞士日内瓦的欧洲核子研究中心*(CERN)的4段新闻短讯引起的。反响是不可思议的——在短短几个小时内,这个朴实的报道就占据了全世界的电视黄金时段和各大报纸的头版。几种语言的新闻杂志都度过了重要而忙碌的一天。更为不可

---

* 原文为 the European Laboratory for Particle Physics,即欧洲粒子物理实验室,但更常用的是与其英文简称CERN相对应的现译名。——译者

思议的是,这一天正是伦琴(Wilhelm Röntgen)报道他发现X射线之后的100年。当年在维尔茨堡的伦琴寄出一封信,讲述他发现了奇异的"X射线",而且他还用X射线拍摄了他妻子手骨的照片。伦琴之发现的影响是迅速的,受大众欢迎的报纸用的是"整个身体的所有部位对辐射都是暴露的"这样诙谐的描述,有的还建议妇女们穿加铅衬的衣服,以防X射线之眼的窥视。有了因特网的传播,CERN的新闻发布比伦琴的X射线所产生的影响还要迅速。奇怪的是,当物理学家们还蒙在鼓里的时候,这么一则报道又怎么能吸引起公众的想象呢?

不可测知的量子世界挑战着人们的理解力,它的极端不可测知性更是激发了人们的想象力。究竟是什么在统治着这个我们难以形成清晰的精神图景的王国呢? 在量子世界所有稀奇古怪的科学概念中,反物质已成为科学幻想小说的题材,这是使不可能成为可能的关键。幻想的以反物质为动力的宇宙飞船穿梭在时空的曲径之中。反物质是科幻小说中采用的"科学事实",可是在1996年1月,这个流行的科幻真的变成了科学事实。

原子性别的改变

1603年,德国天文学家拜尔(Johann Bayer)在他的天体测量天图中给出了大约2000颗已知恒星的位置。如今我们知道,即使是我们自己所在的星系——银河系中,也有大约1000亿颗恒星,超过全世界人口的10倍。天文学家估计,宇宙包含大约1000亿个星系,每个星系中都有像银河系这么多的恒星,因此宇宙中会有大约100万亿亿(10^{22})颗恒星,就像把大不列颠及北爱尔兰联合王国那么大的一个国家,用几厘米厚的沙土覆盖起来所用的沙粒那么多。

世界上所有的东西,动物、蔬菜或矿物,都是由原子构成的。可是原子非常小，一块方糖中的原子数比宇宙中的恒星还要多。方糖中的每一个原子的电性都是正负相抵完美无缺的，可每一个原子却又都是很不匀称的。如果有恒星遗传学这回事，那么设法使宇宙中的每颗星都成为雄性似乎就是它的规律。

原子的动力是电。原子是复合而成的东西，它们的组分带有等量的正电荷和负电荷，但总的来说是电中性的。原子中的单个正电荷以电的方式与负电荷结合，从而达到平衡。在一些遥远而巨大的恒星中也是如此，普通原子被引力那无情的压力所挤碎。可是我们知道，在原子中并不存在相称的配对方式——电的性别分离是完全的：每个原子都有一团带负电的电子云，围绕着带正电的很小的原子核转动着。

虽然原子的电荷如此平衡，但是它的质量却并不均匀。我们这个世界的99.9%以上的质量是带正电的。把原子弄成碎片，我们既可以得到正电，也可以得到负电。可在我们的世界中，前者重而后者却非常轻，因此就比较容易形成这样的格局。在整个宇宙中，这种不平衡被反映出来了吗？或者说，有没有一个原子的质量是由负电主导的补偿的世界？1898年，物理学家舒斯特（Arthur Schuster）在写给《自然》杂志的一封信中猜测："如果存在带负电而其质量又占优势的东西的话，为什么不会有像我们现有的金子一样呈黄色的负的金子？"在随后的30年中，舒斯特的猜想一直被尘封。

物理学家们称确定性理论的方程是"优美的"，意思是这些方程简洁、对称而且自洽，没有任意性。如果这种方程表明某件事能发生，那么往往就会发生。1864年苏格兰物理学家麦克斯韦（James Clerk Maxwell）写下的著名的方程组就是一例。19世纪初期，物理学家们发现载流导体产生磁场，运动磁体产生电流。在某种程度上，电和磁是彼此相关的双重形式。在电磁场的麦克斯韦方程组的对照中，这种精确的双重性令人难忘。

1927年,另一名英国物理学家保罗·狄拉克(Paul Dirac)写下了一个方程,预言了一个新的双重性,这又强调了舒斯特1898年曾作的猜测(可此时几乎没有谁记得这件事了)。到了狄拉克所处的时代,物理学家们已发现原子就像一个微型的太阳系,电子绕原子核的周围旋转,一个中心的原子核中包含着质子。与太阳系不同的是,电子带负电荷,质子带正电荷,因此原子内电荷的分布状况为:外层是带负电的电子云,中间是带正电的很小的核。它们所带的电荷电性相反,而且质子比电子重得多,实际上要重2000倍,因此电子对原子质量的贡献是非常小的。

狄拉克提出的新方程是用来描述电子的,而且描述得非常好。可是该方程还表明,一个电子必须有一个等量但带着相反电荷的对应粒子。最初狄拉克认为他的方程属于他所熟悉的那个世界,并且以为他的电子方程中带相反电荷的粒子是质子。然而,狄拉克方程的对称性就是宇宙自身的对称性,它是如此的完美,以致不可能有这么难以容忍的缺陷:一个粒子竟会是另一个粒子的2000倍那么重。由我们这个头重脚轻的原子的世界想开去,狄拉克认识到,必然存在着互补的电性对称,其原子有一种新的遗传物质。他称这些新粒子为"反粒子"。反粒子世界是我们这个世界的镜像,其中轻量级的粒子是带正电而不是带负电的。

在狄拉克那个时代之后,物理学家们陆续发现了许多种亚原子粒子,其中多数是非常奇异的,而且在普通原子中根本找不到。尽管这些奇异的粒子与我们的日常世界不太相关,可在宇宙存在的最初一秒钟内的第一个瞬间,它们曾是这个锦绣乾坤的一部分,当时的温度大约为100亿度。随着宇宙慢慢地冷却下来,这些不稳定的粒子就逐渐衰变掉,形成了我们现在所知的这种结构。要想合成这些奇异的粒子,就需要供给足够的能量来再生这种最初的温度。按照狄拉克的理论,这些粒子也应该有反粒子。

在一块由普通原子组织构成的电中性物质中,原子结构的电本性是隐含着的。可是,如果把这个样品放到一个强电场中,它就会发生电的扭曲:负电荷被推到一边,正电荷被推到另一边,整个样品变得带有电偏压。而一旦周围的电场被切断,因原子电弹性而产生的张力得到松弛,原子的电荷就会回到它们的平衡位置,样品也回复为明显的电中性。

与原子的结构相比,有一种更为基本的电恢复力。在创世之时,"地是空虚混沌"。虚空是一种至轻至薄的可能的结构,可即使是这种电中性的原初虚空,也被在大爆炸中释放的力分离成了粒子和反粒子。大爆炸是指我们的宇宙创世时的爆炸。在大爆炸中拉伸的原始"橡皮圈"仍在膨胀,而且其一端的粒子形成了我们熟知的这个世界。可是无论怎么找,物理学家们也只能见到由粒子构成的物质。在原始弹性伸展力中另一端的反粒子对应物到哪里去了呢?粒子和反粒子似乎是以各自的方式各行其是。可是,不论反粒子的镜像世界在哪里,总有一天它是会回来的。一旦大爆炸的力最终耗尽,连接粒子和反粒子的原始弹性伸展力就会很快回复,并且重建创世时的空虚。

物理学家们虽然不知道到哪里去寻找反粒子,可他们知道如何来制造它们。在狄拉克认识到必定存在反粒子后不久的1932年,第一种这样的反粒子被发现了——电子的反物质对应物,它很轻,并且带有一个单位的正电荷,因此称其为正电子。正电子是正电的载体。随着物理学家们实验技艺的提高,他们发现了越来越多的反粒子事例。可是这些孤立的反粒子并不是原始的,而且也不是从创世的海底打捞上来的。它们是合成的,是在从小范围模仿大爆炸如何第一次把电中性的虚空分离成粒子—反粒子对的过程中创造出来的。

物理学家们已逐渐学会如何驯服反粒子,先是正电子,接着是反质子,还建成了能随时提供这些反粒子的反粒子源。可只有在反粒子源有持续的能量供应时,才会有反粒子出现。而物质粒子似乎唯恐失掉自己的垄断地位,它们放肆地攻击任何闯入的反粒子,湮灭它们并产生一阵阵辐射爆发。反粒子必须小心地保存,且在保存期间一般只保留单个的反粒子,而不必拘泥于原子的形状或结构。可是,反物质应该像遵守物理规律一样遵守化学定律。合成的反粒子能用来制造物质——真正的反物质原子吗?即使供给丰富,在精心挑选的粒子和反粒子被彼此"引见"并提供原子联姻的适当条件之前,反粒子也总是与周围的物质发生湮灭。

第一种反物质

1995年9月12日,就在舒斯特给《自然》写那封推测性的信之后差不多100年,一位名叫奥尔勒特(Walter Oelert)的德国物理学家看着计算机的输出,意识到他的实验可能已经制造出了大约一打反物质原子。在1993年和1994年,他就曾尝试去实现他的目标,而其他人的尝试已经以失败告终。也许1995年是他第三次走运。

已经忙碌几周了,首先是做实验,尝试着在记录仪中搜索,然后再分析所得的大量信息。在超过3周的时间里,实验人员只有48小时能够获得特许打开这个世界上最宝贵的管状设备——反质子源。许多物理学家都竞相争夺珍贵的反质子,奥尔勒特的小组只分配到两天的时间。通过和其他实验交换用于粒子束的时间,奥尔勒特得以充分利用这一狭窄的通道。

实际实验做完,将所有数据安全地输入计算机中,就可以开始第二个阶段的工作:从积累的大量信息中费力地筛选。10亿个反质子在用作实验的计算机中产生了300 000个信号。从中选出23 000个合宜的计数为下一步作准备,然后再一个一个地仔细分析。

经过两周细致的工作,实验小组把所能想到的所有事情都编成了计算机程序,有几个计数不论用什么方法检验总能保留下来。"我觉得不错,"奥尔勒特说,"我相信它们是正确的。"该小组转而分析其他数据,在接下来的几周中,共找到了11个"镀金的"计数。这些是不是物理学家们等待了几乎整个20世纪想看到的那些东西?或者只是令人失望的统计把戏,只是一些偶然地凑到一起的数据所形成的一个科学的海市蜃楼?

奥尔勒特在CERN这个世界上最大的科学实验室所做的实验,以当今大科学的标准来看是个中等规模的课题。这个小组只有16位物理学家。在CERN的其他地方,由几百位研究人员组成的小组正在进行着耗资几亿美元的实验项目。奥尔勒特的小组只不过是更充分地利用了这些设备而已。"与大型实验相比,我们的费用几乎为零。"他强调说。

大型的物理实验要用几年的时间来计划、设计和建造。接着是更多年头的运行和数据分析。一个大学研究者毕生的工作时间可能就在某一个这样的实验中耗尽。比较起来,奥尔勒特的有节制的提议是在1994年10月提出并最终在1995年2月获得批准的。实验的编号为PS210,6个月后实验就完成了。从批准到完成用了不到一年的时间,PS210甚至未被列入《CERN实验》的年编中。《CERN实验》年编是厚达500页的一个册子,其上列有136项即将在实验室中进行的科学实验的名单。由于注意力都集中在大型探测器和高度国际化的小组的策略上,CERN的其他人员很少了解到PS210实验正在进行,也几乎没有人留心PS210的实验人员何去何从。

PS210计划听起来并不壮观。该计划是要在一个精密的氙气喷射器上发射一束反质子。在地球上不存在天然的反质子。它们只能人工合成,而且只有两个地方随时可以获得。CERN是一个,另一个是费米实验室,它是建在芝加哥附近的伊利诺伊平原的一个美国粒子物理实验室。这些粒子极为珍贵,甚至在准备就绪后要进行一项实验时,反质子供给都经常要在几个用户之间共享,而且是严格按比例分配的。像PS210这种小型反质子实验必须一直保持警觉状态,就像赛跑者站在其起跑器上时那样,时刻等待信号枪发令。"一次,一个学生错把一个探测器的复位按钮当成了开始,我们就错过了反质子喷射。"奥尔勒特懊丧地说。但借助氙气喷射器,PS210有了一个新想法。其方案是用这个反质子束再去产生更多的反粒子。利用双重的反粒子,可能会有更多的机会提供恰当的条件来把粒子和反粒子结合起来,从而合成反物质原子。

对亚原子粒子束来说,即使是固体金属靶,其原子结构看起来也像是鸡笼子的网格一样。在大部分时间里,束中的粒子会径直通过。其中只有极少一部分会"打湿"原子网格。监测任何实验的是"探测器",完善的监测系统会在每次有一个粒子接触靶的网格时进行精确的电子快照。物理学家们所称的"事例"每一个,都可以使物理学家去重构入射粒子真正碰到东西时的情况。由于有监测系统,大部分记录数据都是常规的。那些粒子物理学家,亚原子世界的警察们,只是小心翼翼地监视着任何不寻常的迹象。

实验的计算机扫描已记录下的数据,仔细地把没有价值的背景杂质筛选出去,以便寻找有价值的矿石。和金矿勘探一样,筛选后常常是空手而归,研究者或勘探者只好再回到源头,去搜寻更多的原始数据。经过几次尝试,如果实验仍一无所获,那实验人员就会转向其他区域。在经过几次这样的不成功的尝试之后,他们就可能打算放弃这个实验领域而转向其他课题。可是物理学史上也不乏这样的探索例子,有人重新回到某个旧领域进一步挖掘,最终找到了宝藏。研究者应该具有想象力、洞察力,再加上极大的耐心。

数据经过计算机处理之后,偶尔也会出现一小块闪光的矿石作为对实验者努力工作的奖励。即便如此,闪光的也未必都是金子。在志得意满地宣告成功之前,还必须仔细地分析,以确认这矿石并不是谚语中所称的昙花一现的东西。同样,科学史上也有许多贸然宣布了尚未经过最后检验的结果的鲁莽实例。

在科学上,标明一个观点的含义是,撰写一篇论文并提交到一份学术期刊上发表。这种"科学文献"不是用来娱乐的。对其他研究者来说,即对该领域之外的人来说,这些论文大体上是难以看懂的。即使是最引人注目的科学进展,也是用不太自然的短语来描述的,还会使用模糊不清的术语和难以理解的符号。论文避开了丰富多彩的语言,用其由来已久的特有方式陈述出实验是什么,它是如何做的,最后宣布发现了什么。奥尔勒特小组准备的论文谈的是"测试CPT不变性"。

图1.1 奥尔勒特(CERN提供)。奥尔勒特领导他的小组发现了化学反物质的第一批原子。

PS210着手制造反氢。氢是所有原子中最简单的,每个普通的氢原子由单个电子绕原子核中的单个质子旋转而组成。反氢原子应该是一个正电子绕原子核中的一个反质子旋转。有了这11个实实在在的反氢原子的候选者,PS210小组认为他们的梦想已变为现实。1995年11月,他们的论文的定稿润色完毕,并被寄往欧洲物理研究的一流期刊《物理快报》的编辑部。奥尔勒特和他的组员们急切地等待着结果。

像《物理快报》这种学术期刊的编辑,是根据他的学识以及他鉴别学术主张的能力来挑选的。可是,没有哪一个编辑能对像粒子物理这样复杂的领域有足够的了解,以致能由自己来审定每一篇论文。编辑一般会征求某位"审稿人"的意见,"审稿人"应该是不直接参与实验但又有学识的研究者,他应该起到一位客观公正的裁判的作用。在筛选掉过分乐观的或是假充内行的论文的同时,审稿过程还应该对实验有所帮助,提出能改进陈述和结果质量的建议。从原则上讲,论文的作者不知道审稿人是谁,所有联系都要通过编辑。

奥尔勒特的论文的审稿人是一位也在CERN工作的年轻的德国研究人员兰杜亚(Rolf Landua)。兰杜亚是位富于想象而又工作认真的人,年轻时曾是德国蝶泳比赛的冠军。他深知这其中涉及的困难。在给编辑的答复中,他说他不能确信所有这11个计数全都是反氢。他猜想,也许其中一些是反中子,即另一种反粒子。由于它们是电中性的,这些反中子可能被误认为是中性的反氢原子。而反中子早在40年前就已经被发现了。他提议,对PS210的这些矿石,应该进一步详尽地加以研究。获悉这位匿名审稿人的好点子,PS210再次着手工作。

就在兰杜亚看完这篇论文草稿之际,正值CERN准备召开理事会1995年12月例会。CERN是由20个欧洲国家共建的,在每年的6月和12月,各国代表都半年一次会聚日内瓦,决定重大事项。12月,理事会按常规要确定来年的预算。大科学就是大资金,CERN的年度预算约为

10亿瑞士法郎。在大家都有成本意识的时代，这笔预算的开销往往要经过激烈的辩论，并为每一个百分点而讨价还价。

CERN的业务是纯粹的研究，促进知识和理解。尽管从长远来看这些知识最终会引起技术的进步，可是从短期来讲这种纯粹的科学进展的用途是不易估算的。这正如在CERN的某次预算审查时《新科学家》（*New Scientist*）上所评说的那样，这种实验室的价值是不能用不粘平底锅或者甚至是诺贝尔奖来衡量的。当19世纪的英国物理学家法拉第（Michael Faraday）被问到其十分神秘的电磁学研究的用途时，他曾这样答道："我本人想象不出它有什么用，但我相信总有一天会从它身上抽税！"法拉第的研究最后导致了电信业和电子工程业的产生。

尽管在评价新科学的潜力方面有这些困难，但按惯例在12月向理事会汇报这一年的研究成果之时，CERN的理事长自然还是愿意把具体的结果展示给与会的代表们，以表明他们对研究的投资正越来越有价值。须知，大多数代表是外交人员或公务员而不是科学家。牛津的理论物理学教授卢埃林·史密斯（Christopher Llewellyn Smith）自1994年1月起出任CERN的理事长，他打算在他的1995年年终总结中提到PS210的反物质发现。即使是取得了重大的发现，现代科学的复杂性也使人难以将这些进展向外行听众说清楚。可是反物质的消息对大多数代表来说是能领会其表面价值的，卢埃林·史密斯已认定这条新闻值得宣讲。然而，兰杜亚的反对意味着任何有关这一结果的宣布都为时过早，卢埃林·史密斯在这件事上只好勉强保持沉默。

在CERN理事会召开之时，PS210结果的命运悬而未决。23 000个计数仅仅保留下11个，这不算多，而且，如果其中多数归属反中子，那这个实验就说不上有任何发现。在PS210使用的设备中，计数器分成3个部分，每个部分都独立记录。所有的数据都储存在计算机里，回过头来看看这11个计数在这3个部分的传感器中被记录的方式，就能辨别出这个实验的信号是不是应该归因于反中子。通过进一步仔细的分析，发现这11个信号中只有2个看来具有反中子的特征。PS210小组极其高兴地发现还有9块闪光的宝石仍然保留着。他们立即把这个结果告诉了《物理快报》。

12月20日，就在大多数科学家准备锁上实验室回家欢度两周的年假之际，PS210的观点终于被确认了，而且论文也被接受，准备发表。费力的分析用了几个月的时间，在这段时间里，实验已探测到了反物质的这个传闻通过因特网这个电子途径不胫而走。东探西问的科学家们很难再保持沉默或是忍耐着不去敲键盘发电子邮件。由于急于制止非正式消息的传播，CERN在1996年1月4日采取了一个不同寻常的措施，在科学论文发表之前召开了一个新闻发布会来公布科学结果。

休假之后正准备回来工作的CERN的科学家们，意外地从英国广播公司(BBC)的对外广播中获悉，在他们的实验室中已经发现了反物质。有线新闻网(CNN)向全世界发布了一段长达64秒的新闻。互致1996年新年的问候与祝愿之后，CERN的科学家们急切地打听进一步的消息。在接下来的几天里，黄金时段的电视节目和报纸上的报道越来越多。很有影响的德国新闻杂志《明镜周刊》在1月15日这一期中将这一消息作为封面新闻。

奥尔勒特被记者们团团围住。他到日内瓦接受了一整天的报纸记者采访，接着又收到一份传真，请他在此过夜，以便次日电视台的工作人员也能乘飞机赶来。可是，他已和另一家媒体约好了第二天的采访。奥尔勒特解释道，这一次是在他的家乡于利希。那天晚上，登上返回德国的飞机后，奥尔勒特看着机舱乘务人员在做起飞前最后的准备。突然机舱的门又打开了，一份传真递给了空中小姐。

"奥尔勒特教授在机上吗?"她问道。

奥尔勒特表示他就是。

"请马上下飞机。"她解释说。

奥尔勒特知道发生了什么事,"我就留在飞机上。"他坚持说。

飞机载着奥尔勒特起飞了。毋庸置疑,反物质大功告成了。

第二章

镜像世界

　　"来,基蒂(Kitty),别说那么多,只要听着就行。我来告诉你有关镜子屋的事情。"在卡罗尔(Lewis Carroll)的《爱丽丝镜中奇遇记》(*Through the Looking-Glass*)这本书中,爱丽丝(Alice)说,"首先,穿过镜子你就能看到这个房间——就和我们的画室一样,只是东西的运行方式不一样。爬上一只椅子我就能看见里面的一切——除了壁炉后面那一点儿看不到。噢!我真希望我能看到那一点儿! 我实在想知道冬天他们是不是也有火炉,你知道你也不能告诉我。我们的火炉会冒烟,除非那边的火炉也冒烟……而且,那些书也和我们的差不多,只是字是反着排的。"

　　卡罗尔笔下的爱丽丝是个不错的科学考察者。她从现实世界的自在优越的角度观察镜像世界,由于她自己体验到的每样事情和镜子里所反映的事情都一一对应,因而易于假设为它们以相同的方式运作。对爱丽丝来说,发生的所有事情都明显有与之相应的镜像事情。可爱丽丝并不满足于将其视为理所当然,而要真正走进去看个究竟。最初看来所有事情都非常熟悉,可看得多了,她就发现事情变得越来越奇怪,根本就不是一一对应的。当她从卡罗尔想象的镜像世界中出来时,又有了许多要讲述的新体验。

"镜子",这个最简单的镜子,是一块一面带有金属涂层的平板玻璃。这个镜子"中"的像是光在金属涂层上反射而形成的。可是也有许多种镜子,真实的或是隐喻的,每种都能映照出物体的一个可识别的像。许多镜子会使像有某种变形,而物体和变了形的像之间的这种对比恰恰给人带来了乐趣。能显著变形的镜子,就像集贸市场上常见的那些哈哈镜,会成为吸引人的游乐项目。这是因为,尽管镜子会产生很严重的变形,可其中的像仍然是可辨认的。镜像世界是有趣的,因为它们与我们的世界是如此相似,却又有着明显的差别。

现实世界中发生的每件事情,在某个特定的镜像世界中都有着与其对应的东西,且以与我们的经验并行的方式而存在。但这种镜像是一种反射,即原来东西的一种变换。在一块镜子中,这种变换是左右反演的形式。看着镜子,会发现一个左右反演的三维像在镜子远端"活灵活现"。而我们知道这并不是真的。在这种镜子中的像不是实在的。光学专家们称这种像为"虚像"——它只是看起来好像是光线穿过了镜子。对眼睛来说,似乎光线穿过了镜子,就好像镜子是一扇窗户那样,在远端能看到一个实在的物体。实际上,镜子是穿不透的,左右反演的像是我们的大脑用来解释从金属涂层表面所反射的光的一种方式。

由于在镜像世界中所发生的事情在某种意义上是与现实世界相对应的,如果把它们叠合在一起,在某种程度上,这两种像就会互相抵消。而实际上不会这样,因为镜子中的像不是实在的。与爱丽丝不同,我们不能那么轻而易举地滑进玻璃屏障。而其他形式的镜子能提供更确实的反射。另一类反演像是黑白照相底片,其中光照之处变暗,反之明亮。底片是个真正的镜像,在物体和像之间是一一对应的。可是,如果正片和负片叠合在一起,两种像就会彼此抵消,所有的信息就会丢失。

有许多其他种镜子,真实的和隐喻的,都是通过对应物的纯粹对照来给出反射的深度。在卡罗尔的作品中充满了有趣的对照,有的对照相当突出。在我们这个纷乱的世界中,我们视野所及似乎常常是由一些相互间大相径庭的事物所表征的——昼和夜、夏和冬即是这样。这些悬殊的东西可以彼此看作镜像。而与实时反射的镜子不同的是,这些悬殊的东西出现在不同的时间和不同的地点,因此,实际上它们不能同时而来。白天总是跟随夜晚,一个不眠之夜的不适不久就会被遗忘。夏天总是跟随着冬天,而时间尺度却不相同。在卡罗尔的两本关于爱丽丝的书里,《爱丽丝漫游奇境记》(*Alice's Adventures in Wonderland*)和《爱丽丝镜中奇遇记》,背景整整错开了6个月。《奇境》开始于5月一个温暖的下午,而《镜中》里爱丽丝的出现却是在晚秋阴冷的一天。

像卡罗尔这种随意杜撰的故事是引人入胜的,因为它们是现实世界的镜像。在现实世界的镜像中,感觉和逻辑可以颠倒过来,事情会变得新奇陌生。对爱丽丝的镜子,镜面反演把左变成右,把右变成左。左和右是由旋转的思想紧密地联系起来的——镜子中一个向右的旋转(即顺时针方向)反映真实的逆时针方向的一个旋转。实际上,镜子中的像看起来是"错的",因为我们的大脑把它解释为一个180°的旋转。如果我们用右手拿一个物体,在镜像中看起来却是左手拿着该物体。而如果我们走到镜子后面并面对来时的方向,这个物体仍牢牢地拿在右手中。从镜子中看时,一只钟会很不相同,尽管它是逆时针方向走动的,却能保持准确的时间。通过左右镜像反射,时间依然不变。

电荷有正负两种,是极端对立的东西的另一个例子。如果有这样一种东西作为电荷的镜像,那么正电荷就会被反射为负电荷,反之亦然。对电荷来说,这个规则不像电荷吸引而像电荷排斥,因此在这种电的镜像里,像仍然会继续吸引或排斥——一个正电荷和一个负电荷仍然会反射为两个不同的电荷,而两个正电荷看起来会是两个负电荷,仍然会彼此排斥。

可是,尽科学所知却没有这样的装置,即能把正电荷马上转变为负电荷,并且反过来也行。世界上的电荷总量必须永远是守恒的——电荷像金钱一样也必须要计数。但一种非常接近电荷的镜子的改变是由发电机提供的交变电流。让一个导线圈穿过磁场就可以产生电流,电流的方向取决于磁场的方向和导线圈运动的方向。颠倒磁场的方向或线圈运动的方向,电流的方向也会反过来流动。旋转的线圈产生交变电流。

电磁学对事情发生的方向是很在意的,可顺时针方向流动的电荷与逆时针方向流动的电荷效果是一样的。在普通灯泡中,电流方向每秒钟改变一次,这样灯丝被不断地加热和冷却。可是慢放的灯丝录像却显示:电流沿一个方向流动时灯丝发光恰好与电流沿另一方向时一样亮。交变电流不同的相位提供了一种电荷的镜子(见图2.1)。

另一种类型的镜像是时间,在其中一种物理过程的录像被倒着播放。在很多情况下,这种播放看起来会让人觉得荒诞不经:破碎的物体会还原成先前的样子;从飞溅的水花中浮出的是身着干燥泳装的跳水运动员;花朵会捡拾起衰落的花瓣重新争奇斗艳。未来和过去通常是很容易分辨的。一杯咖啡一旦煮好后,总是会变凉一些,从不会变得更热一些。它的所有分子会同时加速,这种概率不为零,可这些分子会因各行其是而损失能量的概率却极大。在像一杯咖啡这样复杂的情况下,时间箭头不是靠一个基本过程来确定的,而是靠经常占上风的混沌程度来决定的。一个孩子会长大成人并最终死去,这是肯定的。但这个过程会怎样,却是完全无法预料的。控制孩子一生的方程太复杂了,根本无法提前解出来。在这种复杂情况下,时间箭头有一个确定的方向,就是使无序增加的混乱的方向。

可是,在简单的情况下,某些方程也可以精确地求解。只涉及少数

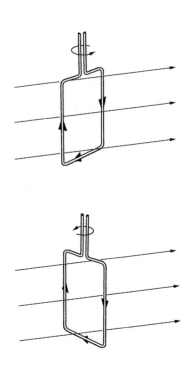

图2.1 电对旋转很敏感。在匀强磁场中旋转的线圈能产生交变电流。导体围绕磁场平面运动时,电流会改变方向。

几个相互作用物体的基本过程的录像倒过来播放时就不会有任何明显的变化。行星绕太阳旋转或是电子绕原子核旋转的录像,倒过来播放时会与正常播放时难以区分。电子和行星确实在损耗着。在这种基本过程中,时间箭头朝哪个方向都一样。

镜像反射、电荷反转(术语叫电荷共轭)和时间反演就是数学家和理论物理学家们称之为"变换"的例子——把一些新的条件附加在自然之上。在某些情况下,这种变换可以通过在实验室中准备不同的条件来获得,比如可以改变磁场的方向。更好地是通过基本方程来研究其他一些变换。当然,用其他方法很难获得时间反演!弄清楚基本方程在越来越广泛的变换下如何起作用,乃是现代物理学的根本所在,而且这也大大增进了我们的理解。

和爱丽丝一样，从这种空间反射、电荷反转以及时间反演的镜像世界中探索归来的物理学家们也有许多新奇的经历。这些镜像世界并不总和我们的日常世界一样，而且那些彼此各异的角落非常模糊难解，但它们可能并非与我们的日常经验毫不相关。电磁有"手性"，可是它的镜像对应物很容易制作。实际上，交变电流比直流电更便于处理。更深一些的物理学中有手性不能通过在三维空间改变方向来反转的例子。本书后面将要讲到，这种自然的手性会在生命中留下其标记。所有已知的DNA分子，即能产生生物大分子的螺旋串，是螺旋形的，从镜子里看时就不一样。这种自然偏见已由科学家巴罗（John Barrow）和西尔克（Joseph Silk）在《左撇子的造物主》（*The Left Hand of Greation*）一书中作了概括性的评述。

物质的毁灭者

虽然把原子结合在一起的是电磁力——在学校我们必须要学习这些知识，但在日常生活中，引力乃是我们最熟悉的自然力。引力这种力是如此的无所不在而又众所周知，以至于我们认为它理应如此。能驻足于地球表面而不是悬浮在空中，这是自然而然的事情。在相对来说没有重量的外层空间，宇航员可以得意洋洋地四处"游泳"，但他们的生活却很快就变得既困难又不舒适。很多东西都不能呆在所放之处。引力在人们的意识中是如此的根深蒂固，以至于我们对它都熟视无睹了。

一磅铅和一磅羽毛，哪个更重一些？又提到了这个古老的难题。我们当然知道，一磅的任何东西都和一磅的其他东西一样重。下一个问题是：一磅铅和半磅铅，哪个下落得更快些？如果有一个能变换质量的镜子，那么引力在这样的镜子中会是怎样的呢？答案根本是不明确的，而且直到400年前才找到答案。在那之前，哲学家们自以为知道答案,可他们从来就没有费心去检验过他们的假设是否和实在相符。

第一个去探索质量的镜像的人是1564年生于意大利比萨的伽利略(Galileo Galilei),他是一个在艰难时世已没落了的地位较低的贵族的儿子。尽管老伽利略有相当高的智力天赋,可他只是这个贵族家族中的较远的一支。他的亲属因没有获得成功而使他愤慨并耿耿于怀,这使得他本人,可能还有他的孩子们,对绝对权威都持一种蔑视的态度。老伽利略的初衷是让儿子成为一名商人,可在发现儿子有着很强的智力天赋后,他便决定把儿子送到比萨大学。伽利略是个怀疑论者,他从不把任何事情看作是理所当然的。在他生活的那个时代,大多数科学知识都是以对事物运作方式的事先假定或前人留传下来的假说为根据的民间传说。古代哲人们并不愚笨,可是在许多情况下由于没有足够多的科学仪器来进行准确的测量,所以会遇到很多障碍。中世纪浩瀚的天文学知识全都通过肉眼观察积累而来。中世纪的许多学问,也都是借助空想的逻辑把世界的主观的、不准确的印象拼凑在一起而形成的,比如认为所有物质都是由土、空气、火和水这4种基本"元素"构成的。缺少精确的测量装置往往意味着,这种原始科学的许多假定从来都没有用实验来验证过。至于变换的效应以及在不同条件下系统如何运作,从来也没有人留意过。到了伽利略的那个时代,这些流传下来的知识已开始变得愈发经不起推敲。

1582年,伽利略在比萨大学惊讶地发现,某个特定长度的摆总是以相同的速率滴答滴答地记录着时间,不管它的摆幅多么有力。多数人认为摆的摆幅是由最初让摆运动起来的那一推动来控制的。这是伽利略富有科学的怀疑态度的第一个记录在案的例子,他从不把任何假设看作是理所当然的,而且他总是用现实来检验那些由猜测得出的结论。可是,尽管有着对摆的新发现和其他几个发现,伽利略却难以支付继续留在比萨大学的高昂的学费。由于父亲经济拮据,伽利略不得不在完成学业前被迫退学。

离开了大学,伽利略继续发明新的仪器,他的技术和才能吸引了越来越多的人的注意,以至于图斯察尼(Tuscany)公爵推荐他到比萨大学做数学讲师。1589年11月,在他25岁那年,就是他被迫不体面地离开同一所大学的4年之后,伽利略被任命为讲师。3年后的1592年,伽利略离开比萨去了著名的帕多瓦(Padua)大学,在那儿呆了18年。

在比萨的一段时间里,伽利略做了一个改变科学认识面貌的实验。就像阿基米德(Archimedes)大喊着"我找到了"从澡盆中冲出来这件事未曾留下任何历史记录一样,伽利略也没有留下任何有关这个实验的记录。尽管如此,类似的突然让人恍然大悟的事肯定是有的。由白色大理石建成的55米高的漂亮的比萨塔始建于1173年,可是到了1350年竣工之时,一个重大的设计错误已经变得显而易见。阿尔诺河冲积平原下面的土质不均匀,由于地基不牢固,这座漂亮的新塔开始倾斜,最后塔顶偏离垂直线达4米。伽利略把这个建筑上的意外看成是为自由落体实验预设的实验室。不同重量的球体落向地面时快慢会怎么样?公元前4世纪,亚里士多德(Aristotle)曾假设,在重力作用下自由下落的任何物体其速度正比于自身的重量,而且在长达近两千年的时间里没有人对这一假设有过疑问,因此这一点看起来非常自然。亚里士多德对世界的假设直到喜欢怀疑的伽利略出现在舞台上时,从没遇到过任何挑战。伽利略把不同大小的球体带到斜塔顶上,并让它们从侧面落下来。通过记下它们到达地面时所用的时间,他惊讶地发现它们是以相同的速度落下来的。伽利略后来在《关于两门新科学的对话》(Dialogues Concerning Two New Sciences)一书中写道:"亚里士多德声称,一个100磅重的铁球从100肘尺*高处落下来会比从同一高度落下

---

* 1肘尺约等于0.46—0.56米。——译者

来的一个1磅重的球先到达地面。我说它们会同时到达。做这个实验时你会发现，大球会比小球领先两指宽……现在，你们不能在两指宽的后面来隐蔽亚里士多德的99肘尺了。"

在以后的年代里，如此重要的一个发现是会成为头条新闻的。这个实验是极易重复的，可伽利略却为在那种年代笼罩在科学"研究"上的令人窒息的偏见而担心，他不想使自己的生活从一开始就变得艰难。他已经领教了，关于单摆运动的意外发现就未曾有助于他的事业。他坚信，科学必须建立在系统的实验和证明的基础之上，而不仅仅是某一个例子。由于有这么多传统的偏见，伽利略不得不艰难地走下去。

不久，伽利略去了帕多瓦，在那儿他第一个用新发明的望远镜观察天空。在另一次原创性的观测中，他第一个看到其他行星也有卫星——地球并不是其他星体绕之运动的宇宙的中心。记不清从什么时候起，每个人都认为地球在整个天空中处于某种特殊的位置。1632年，伽利略不再保持沉默，在他的《关于两种世界体系的对话》(*Dialogues Concerning the Two Principal Systems of the World*)一书中发表了他的科学观点。正是这本书使他不受欢迎的观点引起了权力机构的注意。1633年，这位科学家应召到罗马接受审讯。由于拒绝改变他的异端观点，他被判有罪，并被囚禁在家中，直至1642年去世。在这里，他完成了他下一本"对话"的书稿。在得以出版之前，这部书稿不得不被偷偷地带出意大利。到了1992年，伽利略才被正式赦免！尽管当时罗马官方没收了伽利略的书，可这些书仍在国外广为流传，成了好奇而有才智的年轻人所需要的读物。

读了伽利略的著作并做了摘录的人中有个年轻的英国人，他生于伽利略去世的那一年。这个人就是牛顿(Isaac Newton)。牛顿出生之前他的父亲就去世了，这个早产婴儿小得让人以为他不能活下来。可是牛顿却活到了85岁高龄。1661年,他离开家乡林肯郡的乌尔索普去了剑桥大学。牛顿有着非凡的注意力,一旦他专注于某件事,常常会达到废寝忘食的地步。1664年的一天,他熬了一个通宵。他对一颗彗星产生了兴趣,从此其命运之舟也找到了航向。第二年,瘟疫流行使剑桥大学停课,牛顿只好回到农村他母亲的家中。传说是这样讲的:那年秋天在这所房子的花园中,牛顿正在思考有关天体运动的问题时,正好看见一只苹果掉到地上。"我找到了!"早就想通过偶尔见到的彗星来弄明白天体运动的牛顿认识到,落下来的苹果、在宏大轨道上的恒星和行星,还有彗星的轨迹,都是由一种普遍存在的力控制着的。这种力就是引力,它在所有物体之间起作用,而且它的大小正比于物体中所含物质的量——它们的质量。作用在地球上的这种力和作用在天空中的力是同样的一种力。

在这个智力成就的杰作中,牛顿完全靠自己完成了引力理论的构思、建立和完善。在建立这个理论时,牛顿遇到了难以克服的数学障碍,稍逊一筹的人就会因此而退缩,可是义无反顾的牛顿却披荆斩棘,在途中导出了一门全新的数学。由于不了解其他领域的发展,他重新创建了微分学这个数学大厦,而这仅仅是为了做某种必要的计算。后来被问及他如何建立他的不朽理论时,他谦逊地答道:"是通过思考。"对于牛顿,"思考"这个动词蕴涵着一种新的含义。

在牛顿的新绘景中,两个独立的量——质量和能量,必须在细致的计量中保持平衡。无论其他量如何,在起始时的总质量必须和终止时的总质量相同——在任何反应中物质的总量不能变。同样,在起始时,所有分立的能量之和必须和终止时的总能量相同。能量可以从一种形式转换为另一种形式,比如石头的重力势能在它滚下山时可以转换为动能——运动的能量,可是所有能量之和必须平衡。总之,能量和质量都不会消失。

　　不爱动感情的牛顿为他自己的新认识而高兴,可是他却把他的革命性的新思想保守了长达近20年的时间。直到1682年,另一颗明亮的彗星的出现让欧洲人大吃一惊,并且有人把这解释为厄运降临的不祥之兆。然而,就像1664年出现的那颗彗星曾激发了牛顿对天体运动的兴趣一样,这颗新彗星再次唤起了人们对天文学的普遍兴趣。在伦敦,天文学家哈雷(Edmund Halley)得知,也许剑桥的牛顿能帮助他认识这颗新彗星。来到剑桥,哈雷惊讶地发现牛顿已经简洁地用公式表示了引力运动定律。借助牛顿的理论,哈雷认识到,1682年的这颗彗星是一颗星体,它每隔76年左右接近一次地球,然后再度使自己的轨道回到更为遥远的行星之外,并变得不可见了。哈雷鼓励牛顿把他的引力理论写下来。1687年出版的著名的《自然哲学的数学原理》(*Philosophiæ Naturalis Principia Mathematica*)一书成了科学著作中最有影响的著作之一。1759年哈雷彗星如期回归就是牛顿理论的一次胜利。这颗彗星

图2.2　牛顿,1710年桑希尔(Thornhill)画(承蒙剑桥大学三一学院院长和评议员同意使用)。牛顿认识到所有大块物质都是由引力结合在一起的。

后来还出现在1835年、1910年和1986年,当时乔托空间探测器(Giotto space probe)第一次在它接近时拍下了它的照片。

牛顿不朽的引力绘景在长达200余年的时间里都没有遇到任何挑战。然而,在1905年,一位在伯尔尼瑞士专利局工作、年仅26岁、没有什么名气的物理学家爱因斯坦(Albert Einstein)引入了一种物理理论,把我们对空间和时间的认识进行了修正。他的"狭义相对论"解释了一个令人困惑的佯谬。测量已经显示出光速总是不变的,不论光是来自静止的光源,还是来自像行星那样快速运动的物体。通常,运动的车辆上的一个物体会获得车辆运动的速度——与飞逝而过的乡村相比,一个在火车上行走的人会具有火车的速度加上他自己步行的速度。光却不是这样的。光速不会与光源的速度合成。为解释这一点,爱因斯坦认识到一个以与光速相仿的速度飞驰的镜子会显示出一种变形,这在日常生活中是见不到的。镜子飞驰得越快,变形就越大。

一个以速度v运动的1米长的棍棒,在经过一个观察者时,它的长度看起来会是$\sqrt{1-v^2/c^2}$米,其中c是光速,为300 000千米/秒。棍棒运动得越快,它看起来就越短。可是,这些效应只是在速度非常高时才变得明显。在日常条件下$v^2/c^2 = 0$。轮动车辆中没有快到能使这些效应变为可见的,而空中的天体和绕原子飞速旋转的电子则可以做到这一点。相对论性的镜子是真实的——最终的光学错觉,而且相对论性方程提供了一些转换,使我们得以从一种镜子视角向另一种镜子视角转变。

爱因斯坦相对论的核心是这样一种思想,即世界是4维的,3维普通的空间再加上补充的1维时间,信息是通过把空间维数和时间维数联系起来的光束来传播的。没有任何信息能快得超过一束光。由于光速不是无限大的,光束走完任何的距离都需要一段时间,而且,当光束的信息最终到达目的地时,它已经"老了"。来自遥远恒星的光要用许

图2.3 爱因斯坦(ⓒ 诺贝尔基金会)。爱因斯坦说明了物质和能量是可相互变换的,说明了趋于反物质的方式。

多年才能到达地球,我们夜晚在天空中所看到的恒星的像,实际上只是这颗星在许多年以前的样子的一个像。最近的恒星有几光年远,而来自人肉眼所能看到的最远的天体仙女座上的光,在它到达地球时已有200万年那么老了。巨大的望远镜能够获得恒星在几十亿年前发出的微弱的光,当时宇宙还处在它形成的初期。我们无法知道这些恒星现在是什么样子,甚至它们是否还全在那儿!

爱因斯坦认识到,当物体以接近光速的速度运动时,不能再按习惯方法将质量和能量分别计量。运动物体由于运动而获得能量,可即使物体在静止时,爱因斯坦看到每个质量 m 也必须被赋予一个"静止能量"E。质量仅仅是另一种形式的能量,就像光和热一样。这就是著名的方程 $E = mc^2$。按照这个方程,任何能量的使用都伴随着质量的损失。可是光速是如此巨大的一个数,以致在日常尺度内能量和质量的联系是难以看到的。比如,一个人一辈子所做的功相当于大约1/10毫克体重的损失——还不如为保持苗条身材的一份好食谱!(在普通的体重减轻时,体内脂肪被消耗,以保持水和二氧化碳的平衡。这些物质排出体外而减轻体重,但包括水和二氧化碳在内,质量的总和不会有明显的变化。)从日常的观点来看,能量——运动、热、电,与质量——物体中物质的量的量度,是极不相同的。爱因斯坦说它们是相当的,而且因此是可互换的。就像一个镜子可以互换左和右,一个相对性镜子也可以让质量和能量互换。

这种可互换性正是核能的本质。受核力束缚的极少量的质量在原子核发生诸如裂变或聚变这种重组时会释放出巨大的 $E = mc^2$ 的能量。一颗原子弹质量为几千克,质量的转换达到这个质量的1%的一部分时就足以摧毁整个城市。

目击了第一颗原子弹1945年在阿拉莫戈多沙漠爆炸的威力,原子弹工程的科学负责人奥本海默(J. Robert Oppenheimer)联想起印度教经典《福者之歌》(Bhagavad Gita)中的一句话。命运之主克利须那神(Sri Krishna)说:"我已变成死神,世界的毁灭者。"

但奥本海默帮助制成的这个核恶魔,仅仅是现存其他能量总和的极小的一部分。有没有办法把所有质量都释放成能量呢? 这是反物质所扮演的角色,它才是真正的"物质的毁灭者"。

第三章

一套不均衡的电部件

如果一块糖被捣碎了,那所得到的碎渣"能小到什么程度"仍然是甜的? 这乃是所要问的最自然的问题之一。如果一块物质被不断地分割,那么在还能辨认出是同一物质的前提下,有没有一个不能再分下去的自然的极限呢? 古希腊人认识到必定有一些物质的终极成分,而且用他们的4种经典"元素"构建了对这个世界的富有想象力的描绘,他们认为所有其他物质都能由这4种"元素"构成。在公元前4世纪,德谟克利特(Democritos)认识到这种异想天开的绘景的极限,他从希腊的"不可再分"的词义引入了原子的思想,并把原子作为物质的终极组分。在近东的旅行中,德谟克利特萌生了许多新思想,而且他的许多观点总是表现出令人惊讶的新鲜性。在发明天文望远镜之前2000多年的时候,他就提出银河是由许多小星星汇集而成的。可是,德谟克利特生活在权威人物苏格拉底(Socrates)的影响之下,苏格拉底的追随者们怀疑其他学说。德谟克利特的最宝贵的遗产,是他的不同形状和不同大小的原子结合在一起构成的物质绘景。由于这暗示着原子必定要在一种陌生的虚空(即真空)中漂浮,因此这种实际的绘景并没有被人理解。富有诗意的四元素假说并不需要这种真空,它已经流传了2000年。

直至17世纪近代化学的黎明到来之前,这种由微小的原子成分组成物质的思想一直被置之不理。对此作出贡献的有识之士中的一个是玻意耳(Robert Boyle),他是科克郡的厄尔的一个14岁少年,是个在8岁时就能流利地讲希腊语和拉丁语的神童。在欧洲旅行时,年轻的玻意耳学习了伽利略的著作,其中经验性观察的重要性给他留下了深刻的印象,当时大多数其他科学家并不这么认为。伟大的荷兰哲学家斯宾诺莎(Spinoza)曾极力使玻意耳相信推理比实验更好,然而他没能成功说服玻意耳。和同时代的牛顿一样,波意耳认识到观察、制作仪器和装置的技能对科学的进步是至关重要的。玻意耳制作了泵和温度计,这使他成了气体化学的一位先驱。他所做的实验使他相信有些化学物质比其他东西更基本,是这些"元素"结合在一起构成了化合物。1661年,随着玻意耳的名著《怀疑的化学家》(*Sceptical Chymist*)出版,古希腊4种经典元素的观点就此被扔进了知识的垃圾堆。

随着新仪器的不断获得,化学日益发展成为一门定量的科学。化学家们测量不同的物质如何相互反应。1809年在法国,拿破仑(Napoleon)的高级科学祭司盖吕萨克(Joseph Gay-Lussac)发现,当用气态元素氢和氧化合成水时,不论体积多大,这两种元素总是以体积上的固定比例来化合。这表明气态元素包含着总是按照确定的法则来化合的一些基本单元。在意大利,夸雷尼亚的伯爵阿伏伽德罗(Avogadro)是这样解释这些结果的:在一个单位的体积中,不仅元素是如此,而且所有气体都必然包含相同数量的分子。

19世纪初,英国的道尔顿(John Dalton)提出了"原子假说"这样一个基本方案,即不仅仅是气体,所有元素都有着各自的不同类型的原子,而且一种特定元素的所有的原子都是完全相同的。道尔顿是个裁缝的儿子,他很有天赋,12岁时就在学校教书。这么年轻的教师没有给小学生们留下深刻印象,后来道尔顿就转而研究科学。他提出:各种不同的原子都有自己独特的性质,包括各自的"原子量"。一些像氢这样的原子非常轻,而其他的又非常重。原子结合在一起形成化合物中的最小单位——分子。要结合在一起,每个原子就应该有许多联系,像挂钩一样把原子彼此相连。这么说来,一个水分子H_2O就包含2个氢原子和1个氧原子。同样,食盐即氯化钠$NaCl$,包含1个氯原子和1个钠原子。道尔顿把重量的重要性当作化学分析的手段,当英国和法国正在交战时,他怀疑盖吕萨克的对于气体而言体积更为重要的论断。道尔顿还忽视了这样一个事实,即对元素而言,分子和原子是不必相同的。比如,1个氧分子是由2个氧原子紧密结合而成的。这一忽视导致了原子量和分子量之间的普遍混乱,最终是热心的意大利化学家坎尼扎罗(Stanislao Cannizzaro)解决了这个问题。1860年,他在卡尔斯鲁厄举行的第一届国际化学大会上提出了他的理论。这种原子理论最后被教科书采纳。

根据这种绘景,每种元素的原子谱系应该在创世时就形成了。这些原始的原子被认为是不可改变、不可分割和永远存在的东西,乃是宇宙的基本构成材料。原子已在古代文明的遗迹中存留下来,其尘埃成为尔后的生成物的构成原料。我们跟祖先一样都是由相同的原子构成的。我们所呼吸的空气也是我们的先人呼吸过的。

原子和电

由这些原子所形成的熟悉的物质就在我们周围,可是知道原子物质具有电特性却并不容易。和原子概念一样,电的概念可以追溯到古希腊。希腊科学的创立者泰勒斯(Thales)(他曾因为准确预言了公元前585年的日食而令他的同代人惊叹)发现,一块在衣服上摩擦过的琥珀能吸引灰尘。琥珀在希腊文中称为"elektron",于是这种现象就被称为

electricity,即电。电总是要制造才有,在织物上摩擦一块琥珀是最早的电装置。早期的电实验依赖于初步的技术,摩擦硬橡胶板能产生电,并可以用青蛙腿来检测它。在18世纪,电技术发展得很快,法国宫廷的庭园主管迪费(Charles-François Du Fay)发现,电有两种,异种互相吸引,同种互相排斥。伏打电池(voltaic cell)第一次提供了一种电,而电流计则比蛙腿能更可靠地显示电的作用。

电仍然是神秘的,可是,不管它是何种东西,人们自然地会把它想象为一种连续介质,一种像流体一样沿导线流动,并且在适当的材料中能积累起来的东西。18世纪中期,美国政治家、科学家富兰克林(Benjamin Franklin)提出,这种流体的过剩是正电,而不足则是负电。富兰克林说,过剩自然地遇上不足,所引起的运动就解释了沿导体流动的电流。至今还在沿用的表示正极和负极的方法就反映了他的约定。(实际上,电一般由带负电荷的粒子即电子携带,电子从负极向正极运动,而负电流在一个方向上的流动等效于正电流在相反方向上的流动。)

科学家们竞相建立更强大的电力源。19世纪初期,伦敦的戴维(Humphry Davy)建成了含有250块金属片的巨大的电池。这个巨大能量堆的建成将会揭示化学与电之间的密切关系,也会使英国科学更为人们所了解——当时在化学上是法国科学家居于统治地位。出生于科尼什一个穷人家的戴维已经是一个药剂师的学徒,接着成为一个时髦诊所的药剂师,在这个诊所里像一氧化氮("笑气")这样的气体已用于治疗。1801年,戴维这个天生的表演家成了伦敦皇家科学院的演说家,接着作为许多种新气体的发现者和矿工安全灯的发明者,他变得既有名又富有。

戴维这个表演家总是寻找引人注目的实验来做。他用他的巨大电池,把电流通入化合物使之熔化。这项成果成为科学上的一个转折点。戴维的演示实验表明电可以有化学效应。来自其电池的强大电流把化合物分解为它的组分元素,其中一些在正电极释放出来,另一些在负电极释放出来。电化学这门科学从此诞生了。在几年的时间里,戴维分析了像钾碱和食盐这些普通物质,发现了诸如钾和钠这种遇空气就发生爆炸的意想不到的新化学元素。尽管事实上英国和法国当时正在交战,但1806年戴维还是荣获了拿破仑为电研究的进展而设立的一项奖金。对于戴维是否应该接受这个荣誉有过争论,但最后他还是接受了。接着,以戴维为首的英国和以盖吕萨克为首的法国展开了一场发现新化学元素的科学统治权的竞赛。

可是,表演家戴维更热衷于展示由电流产生的这些引人注目的效应而不是去理解它们。只有经过仔细和艰苦的研究才能对这些新现象作出解释。戴维有个助手叫法拉第,戴维不做的事最终由他继续做。法拉第生于1791年,是个有10个孩子的铁匠的儿子,他的童年极度贫苦。14岁那年,他去做书本装订工学徒,在那儿学习这门新手艺时,他对书本中的知识产生了兴趣。1812年,年轻的法拉第得到一张门票,听了戴维在伦敦皇家科学院所做的一次著名演讲。初次接触科学实验,法拉第马上就着了迷。法拉第的一本装订得非常漂亮、配了插图、长达386页的戴维演讲手稿深深地打动了爱虚荣的戴维。1813年,戴维雇用这个铁匠的儿子在皇家科学院做了一名杂工和涮瓶子工。这份仆人的工作带来的收入比他做书本装订工学徒还要少,可是对法拉第来说科学远比装订更有吸引力。

借助电化学技术,戴维发现了更多的化学元素,他的名声也传扬开了。他应邀参加了一个横贯欧洲的有威望的巡游,相当于现在的名士旅游团。法拉第作为戴维的"巡游团管理员",负责所有的日常安顿。戴维夫人是个挑剔且性情暴躁的人,但忍辱负重的法拉第都承受下来了。戴维乐于继续做一个公众人物,而法拉第出色的科学才能和他制作仪器的技能最终使他于1833年接替戴维成为皇家科学院教授。也

图3.1 法拉第(布里奇曼艺术图书馆)。法拉第发现,原子具有电性。

正是在这种历史条件下,远离伦敦繁华的皮卡迪利大街,法拉第的许多电学研究才得以进行下去。

戴维和法拉第这两个人的个性极为不同。戴维是奔放且易变的,他的研究匆忙而无条理。法拉第则有条不紊而又谨慎,在每迈一步之前他会探索问题的所有方面。在一生中,法拉第很注意详细地记录个人日记,甚至还编了页码,最终达到16 041页。法拉第没有发现过新元素,而是致力于观察电化学的奇异现象。为什么电流会把稳定的化合物分解开来呢? 普通形式的元素不应该带有任何电荷,而这些元素经电流分解后就明显带有电荷—— 一些带负电荷,向正电极(法拉第称之为anode,即阳极,来自希腊语的 *anodos*,意为向上)移动;其他的带正电荷,向负电极即阴极(cathode,来自希腊语的 *kathodos*,意为向下)移动。作为一名真正的科学家,法拉第坚持并思索梳理这个难题,做了一系列测量来验证各种假设。他发现分解出来的元素的数量正比于所通过的电量。他还发现,由给定电量所沉积的元素的量,正比于它们的由道尔顿所定义的原子量。

盖吕萨克以同样的方式发现,气态元素总是以固定的量结合。法拉第的工作表明:电流是以确定的方式来分解化合物的。看起来就像是道尔顿的原子在起作用。法拉第在1839年出版的《电学实验研究》(*Experimental Researches on Electricity*)一书中写道:"尽管我们对原子是什么一无所知,我们还是情不自禁地会有一些关于小粒子的想法,在脑子里用这些小粒子来代表原子。有无数事实使我们有充分的理由相信,物质的原子以某种方式被赋予了电能或是与电能有联系,并因此而具有它们最显著的特性,其中包括它们的化学亲和性。"

法拉第把由电流分解出来并跑到电极上的这些粒子称做ions,即离子,这个词来自希腊语动词"去"。这些离子和道尔顿的原子之间有什么联系呢?在一些情况下,在电极处被释放出的物质表明:离子似乎包含元素的化合物,因此,离子中应该含有几种原子;而另一些情况下,产生的是元素,而且离子显然更像是类原子。电流把水分解为其组分元素氢和氧。可是,氢原子和氧原子本身是电中性的,而由电流分解而成的类氢离子和类氧离子,其原子有某种程度的变形而带净电荷。法拉第发现原子的"起电"难以理解,后来不得已转向他在电和磁方面的其他研究,反倒取得了更大的成功。

在这段时间里,法拉第和他一度的主人戴维的关系变为敌对。在戴维成为有威望的皇家学会会长时,他曾设法阻碍法拉第当选皇家学会会员,不过没有成功。后来,戴维的健康状况出现了严重的问题,可能是由于化学药品中毒所致。法拉第接替了皇家科学院的公开演讲,这个卑微的铁匠的儿子比他的老东家有更大的票房吸引力。阿尔伯特王子(Prince Albert),维多利亚女王(Queen Victoria)的丈夫,还有他的孩子们是固定的主顾。狄更斯(Charles Dickens)也是常客。1844年,法拉第应邀与维多利亚女王共进星期日午餐。这位科学家在结婚后成为一个怪僻的苦行基督教派别中的一员,每个星期日都到他的教堂尽义务。经过极度痛苦的思考后,他接受了皇家的邀请,可是接着就被不肯原谅他的教徒们除名了。

到了晚年,法拉第变得日益沉默寡言。像戴维一样,这可能是终生从事危险的科学实验却又未采取什么预防措施而积累的有毒物质所致,他于1867年去世。他那注重细节的日记保存了下来,最终在1932年分7卷出版。在皇家科学院举行的传统的一律凭票入场的"法拉第"圣诞节演讲仍继续吸引着大批热情的青年学生,这个演讲是为纪念法拉第而命名的。

电 化 学

原子和法拉第的离子之间的关系还是个谜,其他科学家慢慢地开始把电化学难题的这些片段合在一起。一些物质溶解在水中时导电,食盐氯化钠就是一个例子。像糖这样的一些其他物质溶解在水里,其溶液并不导电。所有这些物质溶解在水中时都会降低水的凝固点。所溶解物质的分子量也扮演一个角色——分子量越小,凝固点就降低得越多。因此,与在水中溶解1克蔗糖相比,溶解1克葡萄糖会使水溶液在更低的温度凝固。这种效应取决于分子数,葡萄糖分子比蔗糖分子轻,因此葡萄糖溶液成比例地含有更多个分子。食盐也会降低水的凝固点,可是与不导电的诸如葡萄糖和蔗糖溶液相比,大约是期望值的2倍那么大。

这个难以解释的因子2强烈地吸引着年轻而有天赋的瑞典科学家阿伦尼乌斯(Svante August Arrhenius)。阿伦尼乌斯生于1859年,他是在乌普萨拉大学学到这门电化学新科学的。他意识到,导电溶液中粒子的数量是重要的。他还提出溶解在水中时氯化钠分子分解成两种带电粒子,一种具有钠的性质,而另一种具有氯的性质。当然,这些粒子不会是金属钠和氯气,而是与这些普通原子性质极为不同的某种带电荷的形式。根据阿伦尼乌斯的理论,法拉第的离子就是失去或得到几个单位电荷的原子。这样,这些原子变得几乎难以认识。正是从元素到离子的这种变化,使得化合物具有了与它们的组分元素极为不同的性质——由普通气体元素构成了液态的水;由一种有毒气体和一种一接触空气就发生爆炸的液态金属构成了生活中必需的食盐。

然而,带电原子的观点又与道尔顿的原子论发生了冲突。道尔顿的原子论认为,原子是物质的最终成分,因此是不可分割的。还是个学生的时候,阿伦尼乌斯就大胆地指出道尔顿错了。这个包含在他的博士论文答辩中的观点没被接受,自满守旧的考官们希望他提出些传统

图3.2　阿伦尼乌斯(ⓒ 诺贝尔基金会)。阿伦尼乌斯因阐明了原子与带电粒子(即离子)之间的关系而获得1903年的诺贝尔化学奖。

的观点。不过,由于认识到阿伦尼乌斯智力超群,并且不愿意真正去谴责一个明显有趣的理论,他们给了他能及格的最低分数。有抱负的阿伦尼乌斯把论文的备份寄给了其他化学家。1884年8月,德国化学家奥斯特瓦尔德(Wilhelm Ostwald)从里加到乌普萨拉去旅行,并提供给阿伦尼乌斯一份工作。乌普萨拉的学术权威们意识到,他们可能错误地估价了阿伦尼乌斯,于是作出了一个收回成命的提议,这样阿伦尼乌斯便得以留在瑞典。

阿伦尼乌斯的电化学解释逐渐开始引起人们的注意。在1881年的一次伦敦法拉第演讲中,德国物理学家冯·亥姆霍兹(Hermann von Helmholtz)说:"如果我们承认基本物质是由原子构成的,那么,我们不可避免地应该得出这样的结论:电也可以分成确定的基本单元,其行为就像电的原子,对正电和负电都应如此。"1874年,爱尔兰物理学家斯托尼(George Stoney)计算出了一个单个的这样的单元所带的电荷,并称其为"电子"。

有阴极射线,却没有阳极射线

五彩缤纷的城市中心呈现出了最绚丽的外表,所借助的是"霓虹灯"——美丽的色彩产生于电通过低压气体管之时。美国的富兰克林早在18世纪末就发现了这种效应,可是和许多电现象一样,直到法拉第在伦敦开始系统地研究它们之前,这一切一直都让人难以理解。1838年,法拉第注意到一个管子中气体的辉光柱并不一致,即在紧靠阴极处有一暗区。这被不祥地称为"法拉第暗区"(Faraday Dark Space),表明在气体中电有一个优选的方向。电学演示和进行科学研究一样,一度曾更多地用来娱乐,而有远见的法拉第预言:"与正放电和负放电的不同条件有关的这种结果对电科学哲学所要产生的影响,比我们目前所想象的要大得多。"

在德国波恩,普吕克(Julius Plücker)发现,当把一块磁铁紧挨着管子放置时,气体中的辉光就会移动。普吕克的学生希托夫(Johann Hittorf)指出,这些"辉光射线"来自阴极。1876年,戈尔茨坦(Eugen Goldstein)在德国指出,辉光沿十分准直的直线传播,并投射放电管中所放金属物体的轮廓鲜明的影子。戈尔茨坦引入了"阴极射线"(cathode rays)一词,有关它们的由来引发了激烈的辩论:德国科学家坚持认为它们和光一样是辐射,而以离经叛道的威廉·克鲁克斯(William Crookes)爵士为首的英国对手则说它们是某种基本粒子。克鲁克斯是个穷裁缝的儿子,后来他成为英国最有影响的男人之一,他毕生都保持着科学的多产。"看来,我们最终是能够掌握并控制这些不可再分的小粒子的。我们有充分的理由认定:是它们构成了宇宙的物质基础。"1879年克鲁克斯这样写道。

全世界都在制作这种小玻璃管——今天电视显像管的前身,来研究阴极射线。戈尔茨坦已经指出,阴极射线不能穿透管子里的厚金属物体,只能投射其影子,可它们却能穿透薄的箔,这表明它们具有一定的贯穿力。1895年,巴黎的佩兰(Jean Perrin)富有创意地在管子里安放了一个小金属柱,收集阴极射线所带的电荷。正如所预料的那样,有东西从阴极出发到达阳极,电荷是负的,这可是第一次这么明确地显示出阴极射线。

1897年,维歇特(Emil Wiechert)在柯尼斯堡用磁铁偏转了阴极射线。假设每个阴极射线粒子携带一个斯托尼电子的电量,维歇特估算出这些粒子的单个质量只是一个氢原子的几千分之一。这是物理学家们第一次意识到它们是在和亚原子粒子打交道。在剑桥,J·J·汤姆孙(Joseph John Thomson)把它的阴极射线管置于电场和磁场合在一起的电磁场中,他并没有对射线所带电荷作任何假定,就精确地测出了它们所带电荷与它们质量的比值,即荷质比。

汤姆孙是书商的儿子,和法拉第一样,他从小就接触到大量书籍。在剑桥,他接任瑞利(Rayleigh)勋爵当上了物理学教授和新的卡文迪什(Cavendish)实验室主任。在汤姆孙领导下,卡文迪什实验室开始专门进行阴极射线这项新物理的研究。汤姆孙的工作确认了气体中的电是由很轻且带负电的粒子携带的,1899年他得出结论:阴极射线粒子就是斯托尼电子,每个阴极射线粒子带有固定电量的负电荷,其重量只是氢原子质量的两千分之一。带负电的电子以某种方式嵌入原子之中,可是原子很重,远比电子重得多,因此原子的主要部分必定带有数量相等但电性相反的正电荷。随着亚原子粒子电子的发现,法拉第的离子马上就可以理解为是原子获得或失去了电子所致。

电子很轻,而且很容易将其从原子中分离出来,比如通过摩擦就可以。当原子结合成分子时,原子中的电子就提供"挂钩"。可是,在电导体中有电流通过时这些挂钩就失去了钩的作用。失去带负电荷电子的原子就有一个净正电荷,它们成了正离子;有电流通过时,正离子就被吸引到阴极。相反,失去的电子会与其他原子结合,使该原子得到一个负电荷,成为负离子而向阳极移动。

1899年,在多佛由英国和法国物理学家举行的会议上,J·J·汤姆孙致辞说:"起电主要涉及原子的分裂,原子的一部分获得自由而变得不相连。"这也确认了阿伦尼乌斯早在15年前就大胆作出的预言。1903年,阿伦尼乌斯荣获诺贝尔化学奖——这是瑞典人首次获得诺贝尔奖,以表彰他19年前在乌普萨拉的博士论文中经过艰苦努力所做的基本上相同的工作。1906年,J·J·汤姆孙因为发现电子而荣获诺贝尔物理学奖。

最后的难题是测量电子的微小电荷。人们试图通过用显微镜观察带电的水滴在垂直的电场中克服重力这种方法来测量电子的电量。如果电场可以调节,能使得水滴所受的向上的电力正好与向下的重力相等,那么水滴上所带的电荷就可以测量出来。问题是,在测量完成之前水滴往往就蒸发了。在芝加哥大学工作的美国物理学家密立根(Robert Millikan)想出了用油滴代替水滴的办法。他用X射线打出油滴原子中的电子,从而得以测量离子上所得的电荷。由于不同油滴会失去不同数量的电子,所以用来抵消重力向下作用所需的电场就不能总是同样大小,可密立根的结果清楚地表明:油滴携带的电荷总是某个基本电荷的整数倍。这个简单的实验使密立根荣获了1923年度诺贝尔物理学奖,*他是踏上斯德哥尔摩之旅的第一位美国出生的物理学家。

带正电荷的重东西

原子可以分裂成带正电荷和负电荷的碎片,可这两种碎片看起来却极不相同。如果原子是电中性的,且包含许多轻的电子,那么,占原子质量99.95%的均衡的原子的正电荷又在哪里呢?汤姆孙提出了他所谓的原子的"葡萄干布丁"模型:微小的带负电的电子镶嵌在一个致密的带正电的球体之中。可这个模型没有解释为什么带负电的电子会那么轻而易举地从原子内跑掉。1904年,日本的长冈半太郎(Hantaro Nagaoka)提出了一种更加可能的原子模型:电子围绕一个带正电的中心球体旋转,这情形跟土星环很像。

1895年,一位名叫卢瑟福(Ernest Rutherford)的年轻物理学学生从新西兰来到英国。他的口袋里装着一份继续深造的奖学金。这份奖给一名新西兰学生的奖学金几年才有一次,而且在卢瑟福入学这一年,最初是准备发给一位年轻的化学家的。可是在最后一刹那这位化学家决

---

* 密立根之所以获得1923年度诺贝尔物理学奖,还因为他为验证爱因斯坦关于光电效应的理论进行了细致的实验工作。——译者

定结婚并留在新西兰,因此这份奖学金给了第二位候选人卢瑟福。那一年剑桥大学的校规发生了改变,卢瑟福成了第一批从国外来到卡文迪什实验室在J·J·汤姆孙手下工作的学生。

在新西兰,卢瑟福曾进行过无线电报方面的实验,他把他的原型发射机带到了英国。起初,他继续做这方面的工作。与此同时,马可尼(Guglielmo Marconi)正在博洛尼亚进行着首次无线电报的实验。不过据J·J·汤姆孙说,卢瑟福只是短暂地保持过最长距离的无线电报传送的世界纪录。但汤姆孙对阴极射线的兴趣超过了无线电报,因此他吩咐卢瑟福要沿袭剑桥研究的主线。为不使其为难,年轻的卢瑟福欣然从命。就这样,他开始了他那改变了整个科学史进程的生涯。1898年,卢瑟福从剑桥来到蒙特利尔的麦吉尔大学,在那儿他研究的是放射性——从铀和其他重元素中发射出来的神秘的辐射。他指出:放射性是由两种粒子组成的,一种粒子重而且带正电荷,他称之为阿尔法(α)粒子,另一种粒子轻而且带负电荷,他称之为贝塔(β)粒子。卢瑟福因这项工作荣获了1908年度诺贝尔化学奖,比马可尼因无线电报方面的开创性工作而荣获诺贝尔物理学奖早一年。从无线电报转向原子物理,卢瑟福不仅得到了诺贝尔奖,而且还更快!在卢瑟福发现β粒子后不久,考夫曼(Walter Kaufmann)就在德国指出:β粒子就是普遍存在的电子。

卢瑟福从麦吉尔来到英国的曼彻斯特并得到了一个高级职位。作为一个新西兰人,他对爱德华时代(Edwardian)英国的阶层划分并不敏感,他只是寻找最出色的学生,而不注重他们的出身。他组建了最早的国际性物理研究小组中的一个,这个趋势一直贯穿整个20世纪的物理学。卢瑟福的曼彻斯特研究小组中的一员是盖革(Hans Geiger),后来他因发明用于检测辐射的盖革计数器而成名。

在曼彻斯特,卢瑟福观察从放射源发出的α粒子穿过薄金箔时所发生的现象。这需要通过显微镜盯着荧光屏，并记下每次α粒子打在上面时发出的微小火花数。为了构建α粒子相互作用的绘景，必须用显微镜一小块一小块耐心地扫描α源后面的荧光屏。对微小火花计数的极其艰难的尝试，意味着研究者必须是两个人一起工作，一个观察荧光屏，另一个记录。每隔几分钟，两个人互换一下。

他们发现，在通过薄箔时，大部分α粒子只发生轻微的偏转。1909年，卢瑟福吩咐马斯登(Ernest Marsden，盖革的学生)在一些意想不到的地方看一看，有没有α粒子发生大幅度偏转。没有理由要相信它们会如此这般，但卢瑟福和法拉第一样，是个肯下功夫的实验家，他没有"想当然"而让机会溜走。马斯登顺从地把记录屏和显微镜从箔靶的后面移到"错误"的一侧，即靠近射线源的一侧。和马斯登一起对α粒子计数的搭档就是卢瑟福本人。

图3.3　卢瑟福(CERN提供)。卢瑟福勋爵发现了带正电的原子核。原子核比原子本身小得多，又比带负电的电子重得多。

让他们吃惊的是，他们发现偶尔会有α粒子显然已经打在箔上却又被反弹回放射源。从原子标准来看，α粒子是重的，它比电子重约1万倍。带正电的α粒子在金箔中遇到了什么东西，使得它们改变了路径而飞回来呢？正如卢瑟福所说的："这就好像是你向一张薄绵纸发射一枚15英寸的炮弹，而它却反弹回来击中了你一样！"

卢瑟福为解开这个谜花了大约两年时间。最后他意识到，他已经发现了原子中带正电荷的部分之所在。原子中带正电荷的那部分并不像人们所猜想的那样分散在各处，而是就集中在原子中心的一个既小又重的小粒子里。这个微小的粒子，即原子核，带有几乎整个原子的质量。这个重核非常小，以至于原子里99.99%都是空的，就像外层空间那样。在大多数情形下，α粒子击穿原子不会遇到实质性的障碍。可是，一旦入射的α粒子正好迎面击中了原子核，遇上这种甚至比它自身还重的东西，它就会被反弹回来。

原子核非常小，如果将原子放大到一个足球场那么大，那原子核也只有弹子那么小！可这个微小的原子核弹子却是原子的关键所在。离核很远的是绕核做轨道运动的电子，它们几乎没有重量，但却屏蔽着原子核上的正电荷。曾经被道尔顿视为不可分割的原子，现在看起来每一个都像是一个微型的太阳系，坚实的原子核居于中心，电子"行星"远远地围绕着它旋转。

下一个问题是原子核自身的结构。原子核是像道尔顿的原子那样既硬又不可改变，却携带着正电荷吗？这些电荷从何而来？或者说原子核本身还能被分割吗？给出答案的还是卢瑟福这位天才。可是由于第一次世界大战，他的研究工作放慢了节奏，他不得不去几个重要的委员会做顾问。他没能出席一个反潜艇措施方面的国际委员会的会议，为此他表示歉意并声明："我有理由相信，如果我能使原子核分裂，那远比战争更有意义。"他把全部时间重新投入到学术研究之中。1919年，他把α粒子从一个放射源射入充满氮气的容器中。在容器后面放置的是用来记录由出现的任何新粒子所引起的闪光的忠实的荧光屏和显微镜。

在通常情况下,重的α粒子进入气体中约10厘米后就被吸收了。可是,卢瑟福的屏上偶尔也会出现明亮的闪光,这表明有一些比α粒子贯穿力更强的东西从氮气中出来。卢瑟福得出结论:被α粒子(现在知道是氦的原子核,带2个正电荷)迎面击中的氮核(每个氮核带7个正电荷)已经变为氧核(带8个正电荷)和氢核(带1个正电荷)。在实验中用不同的靶很快就发现了这些氢核。从靶核中分离出来的氢核是所有核的电的构件,卢瑟福称之为"质子"。卢瑟福不仅分裂了原子核,显示了电荷是如何被携带的,他还表明一种核可被转变为另一种核。原子核深嵌其中的道尔顿的原子再也不是不可改变的了。

在从道尔顿到卢瑟福的这100年时间里,物质结构的基本绘景发生了彻底的改变。业已形成的绘景已经和最初是道尔顿然后是汤姆孙所设想的极为不同。在电中性的原子里,负电荷是由轻的外围粒子(即电子)所携带,正电荷是由位于核心、重量约为电子的2000倍的粒子(即质子)携带。这种新的绘景使人们加深了理解,可也留下了一个大问题——为什么自然界物质结构的各个部件在电方面是这么不对称?这种绘景的电的镜像——其中有重且带负电荷的原子核,还有在其周围的轻且带正电荷的粒子——会存在吗?

第四章

量子大师

1995年11月13日,在伦敦威斯敏斯特教堂紧挨着伟大的牛顿纪念碑的地方,举行了保罗·狄拉克纪念碑的揭幕典礼。在狄拉克纪念碑上刻着预言了反物质存在的这一使他成名的方程:

$$i\gamma \cdot \partial\psi = m\psi$$

按照惯例,在斯德哥尔摩瑞典皇家学院接受诺贝尔奖时,获奖人应作一个有关他工作的一些方面的简短演讲。狄拉克在1933年12月12日接受他的奖金时说:"地球(而且有可能是整个太阳系)中所包含的负电子和正质子占多数,我们更应该把这看作是一种偶然现象。对其他星球很可能是另一番情景,那些星球有可能主要是由正电子(现在都习惯这样叫反电子)和负质子构成的。实际上,有可能存在每种方式各构成一半的星球……而且可能没办法区分它们。"

1984年10月20日,狄拉克在佛罗里达的塔拉哈西去世,他自1969年从英国剑桥大学卢卡斯数学教授席上退休之后,就一直在那里生活和工作。当时伦敦的《泰晤士报》为他的去世刊登了一则普通的讣告,而这个纪念碑却是在他去世11年之后才在威斯敏斯特教堂揭幕的。

沉默寡言的天才

纵观狄拉克的一生,他始终像个僧侣似的,更愿意处在专注于科学的孤独之中。就是在他的工作得到承认并获得了许多荣誉之后,他也仍在回避公众的注意。和他对反物质的完美预言一样,P·A·M·狄拉克(他总是这么签名)也因沉默寡言而广为流传。宇宙学家霍伊尔(Fred Hoyle)说,不论什么问题,要让狄拉克开口,那简直是太难了,除非他对此已有了完美的解决方案。霍伊尔后来成了剑桥大学的一名研究人员,他谈到有一次他给狄拉克打电话时的情景,当时他问狄拉克是否准备在剑桥开一个物理讨论会。"在我看来,狄拉克的回答简直令人难以置信。"霍伊尔在他的自传《有风吹到的是故乡》(*Home is Where the Wind Blows*, 1994年)中写道。当时狄拉克回答说:"我放下电话考虑一分钟,然后再回答你。"

一旦狄拉克最终作出回答,那就值得认真对待。狄拉克在剑桥做物理学专业的学生时,一次有位讲师对全班提了一个富有挑战性的问题:"最终这个结果非常简单,可这是为什么呢? 为什么会得出这样的结果呢?"一周之后,腼腆、年轻的狄拉克走到这位讲师跟前只说了这样一句:"给您。"

狄拉克内省般的沉默的根源在于他所受的严厉的教育。狄拉克的父亲查尔斯·狄拉克(Charles Adrien Ladislas Dirac)1866年生于瑞士瓦莱州的蒙泰,这是一个讲法语的州。他对阿尔卑斯山脉阴影下家庭中权威主义的气氛很不喜欢,于是离开那儿去了英国。在布里斯托尔他成了一名颇有声誉的法语教师,1899年他和当地一位轮船官员的女儿霍尔滕(Florence Holten)结了婚。尽管在成长中他自己也有过苦涩的经历,可在维多利亚时代后期,查尔斯·狄拉克仍是一个严于律己的人。1900年,查尔斯·狄拉克夫妇有了第一个儿子雷金纳德(Reginald)。两年后的1902年8月8日,次子保罗·狄拉克出生了。

尽管查尔斯·狄拉克对自己所受的管教极为反感,却和他父亲一样也是个专制的家长。在布里斯托尔,在狄拉克家的餐桌上必须讲法语。由于查尔斯·狄拉克夫人和雷金纳德法语讲得不够好,于是被贬到厨房里吃饭,而只剩查尔斯和小儿子一起坐在餐厅里用膳。后来保罗·狄拉克承认,由于他觉得自己的法语讲不了太好,吃饭时他宁可静静地呆着。久而久之,这种沉默寡言就成了狄拉克的一种性格。荣获诺贝尔奖时,自然允许获奖人邀请父母共同分享快乐,可狄拉克只邀请了他的母亲。

在布里斯托尔,年轻的狄拉克最初进了商人冒险者学校,他父亲就在这所学校教法语。与其他学校不同的是,这所学校对科学和实践课程的重视程度要超过对古典或是对人文科学的重视。尽管保罗·狄拉克学得最好的科目是数学,可是在他16岁离开这所学校时,却迫于父母的压力而随哥哥雷金纳德进了布里斯托尔大学的工程学院。雷金纳德本想成为一名医生,可在父亲的强迫下却学了工科。1924年,雷金纳德·狄拉克自杀身亡。

在第一次世界大战期间,有很多能干的男人去服役,布里斯托尔大学空出许多房间。工科课程对狄拉克没有吸引力,可是工科学生偶尔也要学一些数学。这些数学问题使狄拉克着迷。1919年发生的一件事给他留下了深刻的印象。

那年的5月29日,发生了一次只有在热带地区才能见到的日全食。根据爱因斯坦的相对论,光具有很小的质量,因此会被引力所吸引。可是这种效应非常小;来自遥远恒星上的光线从太阳旁边掠过时,应该发生偏离角度为0.87弧秒*的弯曲(相当于能使来复枪射出的子弹偏离在几千米远处的一个硬币大小的靶子那么大的一阵风)。如同在耀眼的阳光下看不到恒星,这种效应在阳光下一般也看不到。可是,一次日全食却能让天文学家检验这一点,即恒星的光线经过质量巨大的太阳时,恒星的像是否真的变形。直到第一次世界大战结束之前,英国著名天文学家爱丁顿(Arthur Eddington)才说服英国政府资助一项耗资巨大的日食观测,来检验由爱因斯坦所预言的那个微小偏差。

1919年11月6日,在伦敦由皇家学会和皇家天文学会联合举办的会议上,爱丁顿报告说,在日食前和日食时经过对同一恒星观测的比较,他可以证实爱因斯坦的预言。光确实具有质量。会议主席、剑桥大学教授J·J·汤姆孙说这是"自牛顿时代以来所取得的与引力理论相联系的最重要的结果"。

爱因斯坦一夜之间就成了英雄,报纸对相对论宣传的热焰迷住了年轻的狄拉克,他当时正毫无热情地继续他的工科课程的学习。1921年,他去剑桥圣约翰学院参加一次竞争性很强的考试,得到了一份数学奖学金,每年只有70英镑,其数额和这所学院的学术威望并不相称。尽管狄拉克的父亲也曾希望儿子能上剑桥大学,可是他却不能补足奖学金这种微薄资助之外的费用。因此狄拉克留在了布里斯托尔。对工科实践方面的不适应,再加上经济萧条影响了就业市场,他改为在布里斯托尔大学免费学习数学。当时之所以设这项课程,是为了使有才智的年轻人有个位置,不至于让失业大军更加膨胀,60年以后也有这种做法。

1923年,狄拉克完成了他在布里斯托尔的数学教育。由于获得了

---

* 这个偏离角度是按照牛顿引力理论得出的值。若按爱因斯坦的广义相对论,得到的偏离角度则是这个值的2倍,即大约1.75弧秒,爱丁顿等人的观测结果与爱因斯坦的理论值精确符合。——译者

科学与工业研究这个新系的奖学金,他终于能够进入剑桥大学做研究生。在工科课程中的摸爬滚打已使他明白,他并不适合用精巧的仪器进行实验室研究。为此他选择了颇费脑筋的数学物理学。他对爱因斯坦相对论的疑难和佯谬仍然很着迷,很想在剑桥与曾经写过这方面著作的坎宁安(Ebenezer Cunningham)一起工作。可坎宁安对这些颇具挑战性的新思想的理解深度没有把握,因而不愿接受这个有天赋的研究生。于是,狄拉克被安排与福勒(Ralph Fowler)一起工作,但福勒的兴趣更多的是在原子理论上而不是在相对论。最初狄拉克很失望,可这种无奈的邂逅却成了通向他10年后的诺贝尔奖的第一级阶梯。当时英国只有很少几个人了解另一种科学认识上的变革,这种变革在欧洲大陆所产生的影响与相对论一样深远,福勒就是这少有的几个人之一。

相对于相对论的激动人心,原子物理学的新进展已显得黯然失色。直到20世纪20年代初期,物理学家仍在用日常观念处理原子问题:电子被假定为像台球那样运动,而光被假定为像水波一样。原子本身被看作是个微型的行星系,远处的电子围绕中心的原子核做轨道运动。渐渐地,这种简单的绘景不再有效。像电子这种微小的亚原子粒子看来并不服从"常识"法则。在原子层次上,自然好像是以另一种方式在运作。似乎是为了把一个科学世纪与另一个科学世纪的划分做一个标记,普朗克(Max Planck)在德国提出:为了理解这种与温度有关的运作方式,辐射不能以连续流动的形式而来,而应代之以小液滴般或是"量子"的辐射方式,这和雨最终是由雨滴组成的非常相像。尽管雨是以雨滴的形式落下来的,但供水工程师却可以忽略这个细节。他们将其设定为连续流质,而且应用流体动力学来设计水库和泵水系统。对于亚原子的运作,起作用的是单个的量子雨滴,而流体动力学不再有效。物理学家们不得不去学习普朗克的量子是如何运作的。

原子光谱是量子辐射的另一个例子。为了解释热原子发射谱线的图形,哥本哈根的玻尔(Niels Bohr)提出了电子围绕卢瑟福的原子核作轨道运动的一种全新的绘景。电子只能以确定的方式作轨道运动,就像自行车中的齿轮,从一种亚原子速率跳到另一种。在玻尔的量子规则起作用的同时,物理学家们并不明了亚原子物理必须被限制在量子束缚之中的根本原因。究竟是什么规律最终统治着亚原子王国呢?

正如狄拉克后来在他的经典教科书《量子力学原理》(*The Principles of Quantum Mechanics*, 1930年)中所言:"经典传统已经把世界看作是按照力的确定性法则运动的一些可观察物的一个联合体,因此一个人能够在时间和空间上形成整个体系的思维图景。这导致了一种物理学,其目标是对机械论以及与这些可观察物有关的力作出假设,用最简单的可能方式解释它们的行为。可自然是以一种完全不同的方式在运作,最近几年来这一点已变得很明显。她的基本法则并不是以我们的思维图景中的任何一种直接的方式统治着这个世界,而是控制着这样一种基础,在其中我们若不引入枝节问题就不能形成思维图景。"

不论结果如何,以牛顿为先驱,接着又经过几代天才数学家使其完善的经典动力学,解释了天体的富有诗意的运动,它可不能就这样被抛弃。一方面是通过宇宙和行星不停地扫过它们的轨道的宏伟的恒星的运动,另一方面是亚原子活动的看不见的蜂巢,而在某个地方必定有把自然界的双重描绘联系起来的一条并联线路。为了引导自己的思维,狄拉克选读了惠特克(E. T. Whittaker)在分析动力学方面的数学论著。这导致了另一次明智的选择。

数学研究是一项非常孤独的工作。对数学物理学家来说,尽管在学院"茶坊"里也关注一些类似投影几何这样的神秘科目,但在那些岁月里,剑桥并没有真正的讨论中心。狄拉克虽然有时也参加这些聚会,但他总是孤独地、逐步地研究每个难题,直到自己满意地解决了为止。狄拉克并没有捡起新量子行话鹦鹉学舌,而是把自己封闭起来,尽力去把握它的词源和语法。

被认为是由波构成的光,其行为有时却使它显得像是由粒子组成的。在赫兹(Heinrich Hertz)于1887年发现的光电效应中,光打在感光表面上时会释放出微小的电流——电子。可是,这些电子的能量却与光的亮度无关。光越多打出的电子就越多,但它们都带有同样的能量。这只能理解为,假设光是由分立的粒子(即"光子")组成的,每个光子在光敏表面有一特定的相互作用。普通粒子以直线或光滑曲线作轨道运动,且彼此弹离。看起来,电子是从亚原子中的一个轨道跳到下一个轨道,每次释放一个光子闪光,可光子又是怎样与电子的行为调和起来的呢?

设计者方程

摆脱粒子/波动困境的重要一步,是在1923年由德布罗意(Louis de Broglie)作出的。他是一名法国众议员(下院议员)的儿子,在第一次世界大战中被分派到巴黎埃菲尔铁塔的一个无线电报站服役。德布罗意提出,粒子应该伴随着类波效应,他同时还给出了一个设计者方程(designer equation),该方程第一次把波和粒子的行为联系在一起。

第一次世界大战硝烟散去,伴随着充满活力的新生事物的出现,文化也处于激扬和骚动之中。勋伯格(Schoenberg)和贝尔格(Berg)在"古典"音乐中探索新的手法,而美国爵士乐使流行音乐重新定型。乔伊斯(James Joyce)和卡夫卡(Franz Kafka)抛弃了叙事体的传统观念,开启了文学中的新潮流。电影为视觉艺术提供了一个新技术舞台。在诸多骚动之中,以讲德语的人为主的那些不受束缚的新头脑,正抛弃常规并尝试以全新的数学方法来探索物理学中的新问题。1925年,奥地利物理学家薛定谔(Erwin Schrödinger)和女朋友一起藏在瑞士阿尔卑斯山的一家旅馆的房间里,而他妻子当时则在苏黎世苦苦思念。他接受了德布罗意粒子/波的思想并加以应用,产生出另一个著名的设计者方程——薛定谔方程,这个方程对氢原子光谱给出了正确的答案。这是氢原子第一次被数学征服。解这个新方程时可以说明,电子只能在适合亚原子空间的轨道上以确定的方式运动,就像声波在管风琴的琴管中共振一样。一种新的原理——"波动力学"——已经得出。可是还要为此付出代价。在亚原子尺度,实在并不是电子本身,而是电子的一些模糊的数学幻影,即"波函数"。

在德国,与狄拉克同龄的海森伯(Werner Heisenberg)却有一种完全不同的想法。在他的理论框架里,海森伯与矩阵打交道,这是一种2维的数组,其数学与普通数字的运算大不相同。对普通数字,A乘以B等于B乘以A。而对矩阵,答案与矩阵写出的顺序有关。矩阵A乘以矩阵B只有在这两个矩阵都非常特殊的情况下,才与矩阵B乘以矩阵A相等。矩阵的奇怪的数学似乎为亚原子粒子的陌生行为作了示范。薛定谔的波动力学和海森伯的"矩阵力学"看起来都有效,可是很少有人知道这是为什么,更没有人能把这两种方法统一起来。它们的明显不同只是凸显了物理学家们对它们还缺乏理解。

物理学家们已涉足量子领域,而且还绘出了一些有限的草图,可到那时为止对这个陌生的领域还没有明确的指南。这个引导者的角色行将由狄拉克来担当。他为智力活动所做的惯常的准备,就是在星期天独自一人进行长长的散步"来换换脑子"。在1926年的一次长长的散步中,狄拉克想起了惠特克书里的一些东西。这是摆脱波/矩阵困境的一把可能的钥匙。同时,它还在牛顿的经典力学和神秘的新量子绘景间架设了一座坚实的桥梁。可是,他想不起确切的细节了,还需要再去查书。大学图书馆星期天闭馆,狄拉克一夜未眠。后来他说:"在那天晚上,我的信心逐渐增强了。"

这个关键的方程已经由法国数学家泊松(Siméon Poisson)于1809年用经典力学的优美表述写出来了。这些"泊松括号"提供了缺失的链节。狄拉克把泊松和经典物理学家们当连续变量处理的那些量代之以抽象的数学算符,却仍保留了泊松方程的形式。当时,年仅24岁、还只是一名研究生的狄拉克坐下来认真撰写了一篇题为"量子力学的基本方程"(The Fundamental Equations of Quantum Mechanics)的论文。这个雄心勃勃的题目反映了狄拉克极高的目标和他对解决这一问题的信心。在人际关系方面,他腼腆而缺乏自信,可是,他像一名出色的运动员,对自己的专业能力充满信心。在他的论文中,波动力学和矩阵力学的不尽如人意的方法被一种统一而清晰的绘景所代替。那些理解并崇尚经典力学之美的人对此留下了极为深刻的印象。狄拉克信心大增,雄心勃勃地应用他的新方法开始做原子物理的新计算。计算结果与实验一致,狄拉克在科学上的名望也得到了确认。

研究生必须提交一篇论文以获得博士学位,这是学术道路上必须迈出的一步。通常这篇论文要解决由导师指定的一个问题。这个问题的难度应该让一个聪明的学生忙上几年,但终归是能解决的。学生必须要搞出些名堂来,可是若让初学者解决那些连许多有经验的研究人员都解决不了的基本问题,是不太公平的。引导年轻的学生进入富有挑战性的真正的研究后,博士学位论文一般就可以归档了。通常,年轻的研究者只有获得博士学位这个通行证后,才能面对"真正的"研究问题。

然而,狄拉克绕过了这最初的一步。福勒把狄拉克引到现代量子理论面前,他就只能站在一旁赞赏他的学生的进步了,尽管是他确保了狄拉克的著作在权威杂志《皇家学会会议录》(Proceedings of the Royal Society)上快速地印刷和出版。该刊只接受皇家学会会员的稿件,福勒是会员而狄拉克当时还不是。幸运的是,20世纪20年代的剑桥大学更易于接受狄拉克的新物理思想,而在19世纪80年代,乌普萨拉大学对阿伦尼乌斯却远不及此。狄拉克关于量子力学的博士学位论文没有被锁在大学的图书馆中蒙尘,而是迅速地被这个领域的其他人当作了必读书,而且为这个极难理解的课题提供了一个新视点。他给同事们做演讲,听众中也包括奥本海默,即后来在第二次世界大战期间制造原子弹的曼哈顿工程的领导者。听演讲的还有福勒——现在老师和学生的角色颠倒过来了。在研究前沿常会出现许多竞争和敌对,可狄拉克所面对的却只有尊敬和礼遇。海森伯用"惊人的进展"来描述狄拉克的工作。

为了完成这项工作,狄拉克访问了哥本哈根,在那儿他与玻尔一起工作,最初就是玻尔提出原子中的电子只能在确定的轨道上运动的。由于有玻尔在,哥本哈根成了欧洲物理学家们的圣地,狄拉克也正是在那儿遇到了海森伯。狄拉克显然喜欢这种接触和连续的讨论,同时也还需要时间独自来进行他的最富创意的工作。那时还是哥本哈根大学的年轻学生的著名丹麦物理学家默勒(Christian Møller)写道:"他(狄拉克)经常独自一人坐在图书馆最里面房间的一个不舒适的位子上……他会在同一个位子上花一整天时间,写一篇完整的文章,慢慢悠悠,但不被任何事情所打断。"由于要解答问题,狄拉克用一种非常有条理的方法来写作,而且在头脑中把所有思想都理顺之后他才开始落笔。离开哥本哈根后,狄拉克去了德国的格丁根,在那儿他遇到了讲德语的量子先驱们,并给他们留下了深刻的印象。

自旋的电子

1927年,狄拉克的科学生涯经历了又一个转折点。虽然只有25岁,现在他却是一位领衔科学家。他的大多数成果都与讲德语的先驱

图4.1　狄拉克(© 诺贝尔基金会)。狄拉克是反物质之父。

们所取得的并行。狄拉克还要做出一些全新的成果来。在这个阶段，他又回到他最初的物理学专题相对论上。新量子论方程并没有满足相对论的要求，不用相对论它们就得出了氢原子的正确结果。即便如此，狄拉克认识到，重量极轻的电子是极易以接近光速的速度运动的带电粒子。这种高速运动的电子将会"见到"一种与低速运动电子非常不同的绘景。对电子的完整描述应该考虑爱因斯坦变换，这种变换与在极高速时所做的测量有关。

相对论和量子力学的方程的框架业已齐备，把它们合在一起从原理上讲不应有什么大问题了。可是相对论自然地含有二次方程，还涉及像能量和动量这种平方量：

$$E^2 = p^2c^2 + m^2c^4$$

其中 E 是粒子的能量，p 是它的动量，m 是质量，c 是光速。狄拉克知道，如果用这个方程来描述电子,那么相对论性动量 p 就应该用一些新的数学算符来替换。对量子力学方程,动量不会用二次方 p^2 来表示,而应该是线性的,即 p。与量子力学有关联的是相对论性方程的平方根。

每个中学生都知道,最简单的二次方程 $x^2 = y$ 有两个解,一个是 $x = \sqrt{y}$,另一个是 $x = -\sqrt{y}$。同样,相对论性方程的平方根也给出了两个解:

$$E = \pm \sqrt{(p^2 c^2 + m^2 c^2)}$$

这真让狄拉克伤脑筋,他知道,如果物理方程表明什么事情要发生,那通常就会发生。描述抛向空中受重力作用运动的球的二次方程,在给定高度一般有两个解。一个是球向上运动的,一个是它落回地面的。狄拉克想知道电子的负能量解究竟有什么意义,而且也必须找到代表电子动量的数学算符的正确形式。

狄拉克力图建立一个相对论性的方程,而且如果他成功了,其结果也必须能被验证。可是,老式的薛定谔方程已经给出了有关氢原子的正确答案。新方程将会从何而来呢?答案来自意想不到的地方。使电子方程与相对论的速度相容并不是惟一的障碍。另一个量子难点是发现电子似乎也绕其自身旋转运动着。这就是电子"自旋"。这种旋转也遵守新量子法则。犹如一个电子不能处于原子中任意地方而必须设定其轨道一样,电子自旋的轴也不能取任意的某个方向。就像一个电子开关,只能指向两个可能方向中的一个,朝上或朝下。

当一个像电子这样的带电粒子绕其自身的轴自旋时,它就会像一个磁罗盘指针那样在磁场方向上排列好。与自旋只能朝上或朝下一样,另一个量子疑难是这些自旋电子的磁效应恰好是期望值的2倍。没人能解释这个神秘的因子2。任何人想建立一个完备的电子方程,必须考虑量子理论,还必须考虑相对论,又必须考虑自旋,以便得出所有正确的答案。

为了更好地理解电子自旋，奥地利物理学家泡利（Wolfgang Pauli）发明了一种玩具式的"自旋矩阵"，他放入了海森伯矩阵力学中的小小的2×2数组。这些矩阵的作用像数学开关，以确保电子自旋的指向朝上或是朝下。然而，仍旧是既没磁效应中令人困惑的因子2，也没发现相对论效应。1927年，狄拉克出席了在布鲁塞尔举行的一年一度的索尔维物理会议，会上有许多关于相对论性电子方程的报告，而且在那儿狄拉克还见到了他心目中的智力英雄——爱因斯坦。不过，爱因斯坦对量子力学的模糊逻辑持怀疑态度，而且狄拉克因过于沉默寡言而没能与爱因斯坦很好地聊一聊。他们之间的接触是少而拘谨的。返回剑桥后，狄拉克把自己关起来，在几个月的时间里造就了又一篇里程碑式的论文，这次的题目是"电子的量子理论"（The Quantum Theory of the Electron）。再次使用定冠词，*这又一次反映了他的自信。

把量子理论、自旋和相对论结合起来的目标被狄拉克变换成了一种数学练习。他发现这种解法需要泡利的2×2数组两倍那么大的矩阵（见图4.2），而且其中包括了泡利的小小的2×2矩阵。狄拉克的新

$$\gamma_1 = \begin{bmatrix} 0 & 0 & 0 & -i \\ 0 & 0 & -i & 0 \\ 0 & i & 0 & 0 \\ i & 0 & 0 & 0 \end{bmatrix} \quad \gamma_2 = \begin{bmatrix} 0 & 0 & 0 & -1 \\ 0 & 0 & 1 & 0 \\ 0 & 1 & 0 & 0 \\ -1 & 0 & 0 & 0 \end{bmatrix}$$

$$\gamma_3 = \begin{bmatrix} 0 & 0 & -i & 0 \\ 0 & 0 & 0 & i \\ i & 0 & 0 & 0 \\ 0 & -i & 0 & 0 \end{bmatrix} \quad \gamma_4 = \begin{bmatrix} 1 & 0 & 0 & 0 \\ 0 & 1 & 0 & 0 \\ 0 & 0 & -1 & 0 \\ 0 & 0 & 0 & -1 \end{bmatrix}$$

图4.2　狄拉克矩阵。四个4×4矩阵用来描述电子。i是-1的平方根。两个排和列对应于电子，另两个对应于反电子（正电子）。目前采用的γ记号已将狄拉克最初引入的取代。用该γ记号，狄拉克的设计者方程变得更为对称（见本章开头的方程）。

———————————

*　指"The Quantum Theory"中的"The"。——译者

方程对自旋电子的磁效应给出了正确的答案,解决了2这个神秘因子的问题。根据狄拉克的理论,电子出乎意料的磁行为是相对论的自然结果。这正是这个新方程的可检验之处。

这是一种直觉的杰作,是表现现代物理学中数学威力的范例,它为日常逻辑难以解释的东西提供了一种具体的支持。正如在物理学中常会发生的事情那样,这种数学早在15年前就已经由法国数学家嘉当(Elie Cartan)发明了,只是没什么人明白它在物理学中的潜在作用罢了。由于不了解嘉当的工作,就像牛顿当年没注意到莱布尼茨(Leibnitz)的微积分一样,狄拉克又把全部数学推导了一遍。可是,不论新方程用在何处,它都会给出正确的答案。因此,物理学家们开始与不熟悉的新的矩阵代数打交道。

然而,这种成功是要付出代价的。电子必须有4个分量才能与4维矩阵相匹配。两个分量对应已知的,即自旋朝上的电子和自旋朝下的电子。而另两个电子分量具有负能量。初次看到相对论性方程具有含糊不清的负平方根解时,狄拉克也有所怀疑。物理学家们在认可新方程的威力的同时,也公开地批评负能量是死路一条。海森伯则称这是"现代物理学中最悲哀的一章"。

1929年,在围绕负能量、带相反电荷的粒子进行辩论的时候,狄拉克前往美国访问一些大学并游览国家公园。旅行成了他生活的主要内容。在那些日子里,国际旅行并不意味着拥挤的机场和快捷的飞行。相反,在横跨大西洋的小船上,或是穿越美国的同样漫长的火车旅行的空闲时光,为他提供了一个专心思考的机会。对狄拉克来说,这是星期天有益的长距离漫步习惯的一种延伸。

在美国威斯康星州,狄拉克为麦迪逊大学做了一次演讲。此时他的名声开始传扬开来,可他自己并没为此做过什么努力。《威斯康星州杂志》听说一位著名英国科学家到他们的大学访问,便安排该刊一名主持幽默专栏"悄悄话"的记者去拜会狄拉克。

"一天下午,我敲响了狄拉克博士办公室的门,听到一声令人愉快的'进来'。这里我想强调的是,这句话差不多是我与博士会晤时听到的最长的一句。"

"在美国您最喜欢什么?"在几次引发狄拉克的话题都不成功之后,这位被激怒的记者问他。

"土豆。"

"您最喜欢的运动是什么?"

"中国象棋。"

"您看过电影吗?"

"看过。"

"什么时候?"

"1920年,也可能是1930年。"狄拉克简洁地回答。

离开麦迪逊后,狄拉克独自去西部旅行,参观了很大的国家公园,然后又去了洛杉矶。返回中西部时他在密歇根大学做了演讲,并在芝加哥遇到了海森伯。和狄拉克一样,海森伯也是个有经验的数学家。在慕尼黑做学生时,他专心攻读数学的努力总是不断地被数学教授豢养的一只狗的狂吠声所打扰。由于被相对论的魅力所吸引他放弃了纯数学,相对论看起来要比常规数学分析的枯燥方程更富于激情。在芝加哥会议之后,这两位物理学家又在旧金山附近伯克利的加利福尼亚大学再次相遇。由于都应邀要去日本做演讲,他俩决定结伴同乘一艘日本船横渡太平洋。

当轮船准备靠向横滨码头时,一名日本记者得知有两位著名科学家在船上,就前去寻访他们。发现有媒体追随,狄拉克藏了起来,只留下海森伯一人来应付记者。后来,这两位科学家在甲板上相聚时,记者又来找海森伯抱怨说:"我寻遍了整艘船,就是找不到狄拉克。"此时就成了由海森伯来回答记者有关狄拉克的提问,而狄拉克就坐在那儿,听着有关他本人的问答。

做完演讲又参观了日本纪念碑后,这两个人便分手了。海森伯经中国、印度和中东返回欧洲,而狄拉克则坐上穿越西伯利亚的列车回国。在旅行中,狄拉克有足够的时间思考他的负能量电子。

采用正电子插件

负能量有各种奇怪的含义。让一个运动物体停下来意味着消除它的能量——汽车的制动器会把汽车运动的能量转化为摩擦。对一辆负能量的汽车,制动器会让它加速,而用加速器会让它慢下来! 狄拉克负能量电子可以戏称为"蠢驴电子"(donkey electrons)——它们被推得越狠,则走得越慢。

狄拉克希望用当时所知道的另一种亚核粒子(即质子)来等同他的负能量、正电荷的解,以使他的方程能够涵盖当时所知道的整个亚原子世界。1930年,狄拉克在《自然》上发表文章,提出了这个建议。这是他少有的把错误观点冒险印出来的几次中的一次。

可是,质子并不具有负能量。而且,当电子从一个负能量态跃迁到一个正能量态时,它仍保留自身的电荷。转化为质子的一个电子,无论如何必须获得两个单位的电荷。这怎么可能呢? 在他的理论中,这种难题一个接着一个。由于问题成堆,狄拉克只好求助于他的想象力来寻求解释。无论如何,应该把负能量这种不速之客逐出视野。

狄拉克的解答与他的方程一样富有想象力。他提出:自然界中有无穷多个负能量位置,可是在我们的世界中所有这些位置一般都被填满了。负能量位置被均匀地填满对我们来说是完全察觉不到的,因此检测不到任何负能量。可是,如果一个负能量的电子被扰动,这个位置就变为一个空位。这样，一个空位就会表现为负能量不足和负电荷不足。负能量不足就表现为正能量，负电荷的不足表现为正电荷，即电荷的镜像。狄拉克称这种空位置为"空穴"（holes），这个术语在20年后随着晶体管的发明而变成了常用词。有了空穴，他就能避免用不受欢迎而实际上又已经闯入的负能量来解释他的方程的负能量解。

这种解释很像一个巨大的地下停车场，在整个地下停车场中，或说负能量中，电子停车位都是满的。由于在地下，所以巨大的停车场是看不见的。可是，如果一辆汽车离开地下停车位开到地面上来，就可以看到它。那么，停车场中就留下了一个空位。一旦有这个空位存在，已停在别处的另一辆汽车就可以进入这个空位，同时在别处留下一个空位，并继续下去。这个空位就会沿着停着的车"传播"下去。那时候地下停车场并不为人所知，狄拉克把这种永不枯竭的负能量态的源泉称为电子"海"。

这意味着真空不能再被看作是什么都没发生的空间。在狄拉克的新绘景中，真空实际上是带负电荷的负能量粒子的一个无底深渊，这让人难以接受。可是，由于量子理论只有靠将传统观念抛出窗外才能取得进展，一些富有冒险精神的物理学家渴望去抛弃下一个。

然而，很难把质子放入这个富有想象力的方案中。如果电子和质子是配对的伙伴，那质子就可能进入电子的空穴并湮灭它。这又怎么能够与一个质子为其原子核、还有一个做轨道运动的电子的氢原子的稳定性相调和呢？奥本海默指出，狄拉克的观点意味着氢原子随时处于坍塌的危险之中。质子和电子可以通过粒子—空穴湮灭来彼此吞没对方，稳定的原子物质将不再存在。在电子—质子绘景中，原子物质的正负成分非常不平衡。一个电子空穴怎么可能将物质化为比它重2000倍的东西呢？

德国数学家外尔（Hermann Weyl）对美和诗有很好的感受力。直觉在他的数学中扮演着一个重要角色。爱因斯坦的相对论这种新洞见把他吸引到物理学上,他的《空间、时间和物质》(*Space, Time and Matter*,1921年英译本)这一雄辩之作有助于向其他科学家解释这些不易接受的新观点。从相对论转向新量子力学,外尔在1930年发表的经典论文"群论与量子力学"(The Theory of Groups and Quantum Mechanics)使这种变革性的崭新物理学有了坚实的数学基础。外尔在文中说:"这种假说在所有情况下都会导致正电荷与负电荷基本相等的结论。"

狄拉克受到了启发,为跳出这个令人恐慌的结果而努力了3年,终于明白了他的设计者方程一直想告诉他的是什么。1931年5月,他提出:"一个空穴,如果存在的话,就是一种实验物理还不知道的新粒子,它与电子的质量相同而所带的电荷相反。我们可以称这样的粒子为反电子。"这一观点发表在同年9月出版的《皇家学会会议录》上,它宣告了反物质的现代观念的诞生。

在犹豫了几年之后,预言反电子之前,狄拉克勇敢地假设:当时所知的另一种亚核粒子质子也应该有类似的二重性。"我认为负质子也可能存在,由于该理论还没那么明确,在正负电荷之间有种彻底而完美的对称性;而且,如果这在自然界是一种真正基本的对称性,那么任何一种粒子的电荷应该都有可能反过来"——带正电荷的反电子和带负电荷的反质子。这是一种抵消那种原子的不可理解的不平衡的办法。反物质之路终于正式宣布通行了。

狄拉克的遗产

在提出反粒子观念的同时,狄拉克开始写他的杰作《量子力学原理》。他在书中描绘了他自己对这门全新学科的想象。这本书里很少涉及科学史,没有插图,没有参考文献,也没有对物理实验的直接描述。那些了解狄拉克新著重要性的人们急切地阅读了该书的第一版，即便是这些人，也几乎没人能读懂它。狄拉克意识到自己写得太难懂了，于是坐下来把它从头到尾完全重写了一遍。1935年出版的第二版，从那时起一直是认真对待量子力学的学生们的经典读物。书中一行行严格的数学表述中夹带着细致的解释，每一页都准确地保留了狄拉克当年书写的风格。清楚、准确、简明和极强的逻辑性是狄拉克的特征。许多科学家都乐于润饰他们匆忙写成的论文的校样，把它看成他们校正不太清晰的思路的机会。修改后的论文的校样往往会让编辑头痛，而狄拉克的却不是这样。他的手写稿实际上总是没有什么错误和删改之处。至于校样，狄拉克也限制自己只改打印错误，这正是出版商所希望的事，却很少发生。有一次当狄拉克被问及这种风范时，他回答道："我妈妈常说，'先想好，再动笔。'"

狄拉克最擅长的是思考，而且他懂得思考。可思考需要时间，因而他从不在其他活动上浪费时间。有一次奥本海默借给狄拉克一些书，以供他从加利福尼亚到日本的漫长海上旅行时阅读，狄拉克谢绝了，他说阅读会干扰他的思考。另一次在加利福尼亚，奥本海默给狄拉克和两个想在新的粒子辐射理论方面有所发展的研究者安排了一个会。在那两个人介绍了他们所做的工作后，接下来的是长时间的沉默。最后狄拉克问："邮局在哪儿？"那两人说，如果他能对他们正做着的工作提些意见，就给他指路。狄拉克回答道："我不能同时做两件事。"

荣誉开始接踵而至。1930年，他被选为有威望的皇家学会会员。对狄拉克来说，这意味着他可以向《皇家学会会议录》投稿而不必请福勒作保证人了。1933年，他和波动力学的创立者薛定谔一起分享了诺贝尔物理学奖。最初他由于担心引起公众注意而不想接受这个奖项。可卢瑟福告诉他，拒绝诺贝尔奖比接受它会引起更多的公众注意。狄拉克接受了卢瑟福的建议，但尽可能地保持低调。在伦敦《星期日

专刊》上题为"害怕女人的天才"的文章中,把他描述为"像瞪羚一样
腼腆"。

可在学术舞台上,他不能躲藏。美国一些大学为他提供了不错的
教授职位,可狄拉克更喜欢留在剑桥,他知道拉莫尔(Joseph Larmor)
1932年将从卢卡斯数学教授职位上退休,这个有声望的职位曾由牛顿
担任过30多年。狄拉克接任卢卡斯教席长达37年。他的继任者是出
类拔萃的流体动力学专家和数学家莱特希尔(James Lighthill),1980年
再由霍金(Stephen Hawking)接任。

退休的狄拉克担任塔拉哈西的佛罗里达州立大学的一个职位。在
他健康状况恶化之前,旅游始终是他日程中的重要部分。在他的整个
一生中,他是科学家中的科学家,始终受人尊敬。每当狄拉克说些什么
或是出版什么,都值得听一听或读一读。但这一切都只是与科学有关
的东西。作为一位生活在原子弹时代并获诺贝尔奖的物理学家,他理
所当然应该是一个公众人物。而狄拉克却不是。他从不写物理学之外
的任何东西。沉默寡言是他一生的生活习惯。他还把宗教视为不理性
的、与科学无关的事情。泡利概括了狄拉克的态度:"事实上没有上帝,
狄拉克就是上帝的预言家。"

狄拉克被安葬在佛罗里达的塔拉哈西。和伦敦威斯敏斯特教堂的
纪念碑一样,在他父亲1886年离开的老家附近,即瑞士瓦莱州的圣莫
里斯,也有一个小花园是献给他的。

第五章

正电子的证据

在20世纪20年代初,帕萨迪纳的加利福尼亚理工学院(一般简称加州理工)的学术声望远远比不上美国东北部那些大的名牌大学。可加州理工附近的橘子林及地中海风格的建筑,对来自东部的年轻物理学家却很有吸引力。纽约人安德森(Carl Anderson)18岁时就来到加利福尼亚开始了他的学术生涯。这个有天赋的年轻人在他的头脑中还没有多少旧观念时就开始仔细观测宇宙线了,这是从外层空间簇射到地球大气层中的神秘粒子。

19世纪末,科学家已经发现了放射性,这是由一些物质(比如最明显的是铀)发射出的看不见的辐射。就像19世纪初的化学家曾忽视处置未知物质的危险一样,在19世纪末和20世纪初,像玛丽·居里(Marie Curie)这样的科学家也未认识到这种放射性的危险。放射性会破坏它所遇到的原子,包括科学家的身体。玛丽·居里死于白血病,这是镭过度暴露所导致的结果。早期的研究者们忽视了放射性在他们自己身体内产生的影响,只看到放射性能把周围空气中原子的电子打出去,从而使周围空气轻微导电。用盖革计数器(Geiger counter)记数是后来的事情,当时是用一种称为验电器(electroscope)的原始仪器来检测感生电导率(induced conductivity)的。在验电器两片金叶片上充上初始电荷,使两叶片像两张报纸在风中被吹开那样彼此分开。如果把带了电的验电器放在一种能导电的气体中,验电器上的电荷就会泄露出来,而张开的叶片就会慢慢合上。对在不同气体中叶片合上的速度进行比较,物理学家们就能估算出电导率。空气的导电性通常是微弱的,物理学家们认为导电性是由地球本身的放射性引起的。

1910年,一个名叫伍尔夫(Theodor Wulf)的天主教徒把一个验电器带到巴黎埃菲尔铁塔顶上,发现顶上的空气的电导率比底下的更强。接着,奥地利物理学家赫斯(Victor Hess)让气球把验电器带到高空,他发现电导率随高度而逐渐增强,在5300米高空,电导率是地球表面的2倍。很明显,引起空气导电的辐射不是来自下面的地球,而是来自另一个方向——外层空间,而且在途中逐渐被大气所吸收。1925年,密立根为这种地球之外的辐射起名为"宇宙线",他曾因测量电子上的微小电荷的经典实验荣获1923年度诺贝尔物理学奖,而且是获诺贝尔物理学奖的第一个美国人。

要想弄清楚这种神秘的宇宙辐射究竟是什么,原始的验电器已无能为力。在20世纪20年代的剑桥,卢瑟福的实验室已开始使用一种叫云室(cloud chamber)的新工具,这种工具可以把用其他方法均不可见的粒子的单个径迹显现出来。云室主要是由一个里面充上了潮湿空气的玻璃管再加上一个活塞装置做成的。拉出活塞使腔内的湿空气膨胀并冷却而变成过饱和状态。在短促的有效时间内,一般大约是1/4秒,任何不可见的带电放射性粒子飞过空室时,都会留下导电的尾波轨迹,其周围的水蒸气就会围绕尾波凝结而形成一条径迹,就像高速飞行的飞机留下的轨迹的缩影。卢瑟福的实验室用来自放射源的入射粒子猛击原子核并将它弄碎,而后用这种云室找到了亚核转化的第一个可见证据。

冬天的早晨看着窗外新下的雪,人们马上就能发现鸟儿曾在哪里跳过,就能发现一只流浪猫的足迹或者邮递员是否来过。以同样的方式,云室能够记录下所有亚原子来客泄露其秘密的轨迹。

正向上还是负向下?

1930年,25岁的安德森准备结束他在加州理工学院的研究工作。他计划用云室来研究来自一个放射源的辐射,以完成他在学院最后的实验。为了帮助分析粒子穿过一个云室时留下的复杂的径迹网,物理学家们使用了磁铁。如果一个粒子带一个电荷,那么它的行为就会像微小的电流,并且能被磁铁偏转。安装了磁铁的云室能产生优美的螺线形和涡线形的特别的径迹。这些径迹的弯曲形状取决于粒子所带的电荷及其速度。粒子的电荷决定它偏转的方向——正电荷转向一侧,

图5.1 安德森(© 诺贝尔基金会)。安德森是证实反粒子的第一人。

负电荷转向另一侧,而粒子的速度决定偏转的程度。入射粒子越快,它偏转时就越"僵硬",其径迹就越直。另一方面,一个运动较慢的粒子能被磁场牢牢抓住而以更接近曲线的轨迹离开。

有关粒子性质的另一个线索是来自云室径迹的密度。一个像电子这样的轻粒子,会像小鸟在雪层表面蹦跳那样快速地穿过云室,只打在少数几个气体原子上而留下稀少的径迹。而一个像质子那样的重粒子,会不断地与气体原子碰撞,使电导率增大,并留下深得多的沟槽。偶尔也会有个像质子这样的重粒子干脆就完全停下来。安德森用的放射源是钍,最初他看到的电子径迹很不清楚,这是由于粒子运动得太快的缘故。在绝望中,安德森在他的云室的水中加了一些酒精。更浓的蒸气使得径迹看得更加清楚,也更容易拍照!

安德森的指导老师是宇宙线研究领域的先驱密立根,他建议安德森建一个当时所能达到的最强的磁场的云室,大约是地磁场强度的100 000倍。随着飞机工业在加利福尼亚的诞生,加州理工学院新成立了一个航空工程系。该系风洞的450千瓦发电机能慢慢达到600千瓦,这就可以为新的大型电磁铁提供所需的电源,该电磁铁必须用水冷却来吸收电流产生的热量。

看着从他的新云室得到的曲线径迹,安德森立即被几条淡薄且具有电子特征但看起来像是拐错了方向的径迹所吸引。来自一个方向的像电子这样带负电的粒子在磁场中会被推到一侧。从同一方向而来带正电荷的粒子会被推到另一侧。因此向对面弯曲的径迹可能是质子留下的,可像质子这样的重粒子所产生的径迹应该比安德森所见到的粗得多。安德森在以前的实验中见过许多电子的径迹,而且他确信向对面弯曲的径迹看起来更像是电子而非质子。

一种解释是,向对面弯曲的径迹可能是离开地球向上的电子而不是从天空向下的电子。在同一磁场中,向上的电子和向下的电子是朝相反的方向运动的。一些人已经报道了向上运动的电子,并把它们解释为宇宙线打在地面附近的空气的原子上的反弹。可安德森的云室中发现了大量的这种电子,多得无法用从下面反弹来解释。另一种可能性是,它们是某种未知的带正电荷而向下的类电子粒子。

当时密立根已离开实验室到欧洲旅行演讲,安德森寄给他11张最好的云室照片。密立根急切地展示给大家看,还声称向对面弯曲的径迹是质子。可是看云室照片颇有经验的欧洲科学家们不同意他的看法,他们告诉密立根,对质子来说这些径迹太不清楚了。欧洲人说,它们必定是电子的径迹。

密立根从欧洲回来,安德森也提出了电子解释,首先他认为向对面弯曲的径迹是由向上运动的电子产生的。密立根坚持认为宇宙线向下而不会向上,因此不能解释的径迹必定是质子引起的。可安德森对径迹密度进行了细致的测量,他更确信这不可能是质子留下的。然而,密立根的教授资历意味着由他和安德森署名打印的论文仍然坚持认为向对面弯曲的径迹是质子。密立根把这看作是提出他关于宇宙线是如何产生的一些观点的一个机会。这些观点没有新的轻量的带正电荷粒子存在的余地。

是质子,是向上运动的电子,还是向下运动带正电的粒子?安德森和密立根对此展开了激烈的争论。为解决这个问题,安德森想了个主意,把一块薄铅片横放在他的云室中间。如果粒子向下而来,它们就会在铅片中损失能量,出现在另一侧时运动就会变慢,且它们会被磁场弯曲得更厉害。与之相反,向上运动的粒子会在云室的上半部运动变慢。对比其仪器中在上半部和下半部径迹的弯曲程度,安德森就能确认粒子是从哪个方向来的。

安德森找到的第一个事例是带正电荷的类电子粒子向上运动。他被这种双重的反常迷惑了,这是由于宇宙线打在云室下方某个空气原子上并反弹回来有所偏离的粒子。可是,安德森坚持观察,发现几乎所有带正电的粒子都是从天空向下运动(见图5.2)。

顿时,安德森的发现的消息传开了。一张"错的"曲线径迹照片于1931年12月在《科学新闻快报》上发表了。杂志的编辑使安德森同意这个令人迷惑的带正电的粒子应称为正电子,这个新名称就被选用了。安德森乐于承认向对面弯曲的曲线终归是一种新粒子,但他不明白它应该是什么粒子。他似曾听说过狄拉克的工作,可封闭在加州理

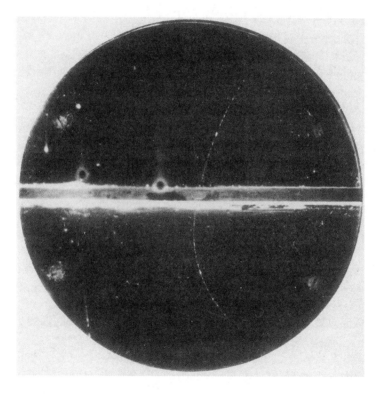

图5.2 正电子的径迹(科学博物馆/科学与社会图片图书馆)。它揭示了反电子(即正电子)的存在。这张1932年的云室照片显示了一种类似电子的宇宙线粒子通过中间的铅板并损失了能量的径迹。其径迹在磁场中弯曲,而且在铅板下方径迹的弯曲增加,这表明该粒子来自铅板的上方。径迹在磁场中的弯曲方向表明,该粒子带正电荷,与普通电子所带的电荷相反。在有放入铅板这种想法之前,不知道这种径迹是归因于向下的带正电荷的粒子还是归因于向上的带负电荷的粒子。

工学院的他并不懂得那项工作的含义,也不知道这种新理论已经预言了反电子。1932年9月,安德森不顾密立根的反对,发表了一篇短文,宣布他发现了"质量必定比质子小"的带正电荷的粒子。鲁莽的一步很有可能毁了他的学术生涯。幸运的是他是正确的,可是他没能明确指出这种粒子与电子的联系。安德森只是猜测,新粒子是在宇宙线和空气中的原子核碰撞时以某种方式产生的。

欧洲人的粒子对

欧洲对安德森的了解远比安德森对欧洲的了解要多。在欧洲,对这些新径迹有着一些认真的推测。这种正电子与狄拉克的反电子相同吗?这吸引着人们急切地对此作出结论,可在物理学中每一次这样的飞跃都要予以证明。正电子从何而来呢?根据狄拉克的空穴理论,当一股辐射贯穿真空中看不见的负能量"海"时,便打出一个电子留下一个空穴,一个电子和一个正能量的反电子可以同时形成。生成之时,每一个正电子都会有一个电子与之配对。

当时,卢瑟福领导之下的剑桥大学的卡文迪什实验室,在全世界亚核物理学中颇有实力。在卢瑟福的指导下,一连串伟大的发现已经或是即将在剑桥由一些才华横溢的学生来完成,比如布莱克特(Patrick Blackett)、查德威克(James Chadwick)、科克罗夫特(John Cockcroft),他们后来都凭自己的实力荣获了诺贝尔奖。在当时的卡文迪什实验室,像云室这样的一些新技术已在发展之中。不过,即使有这些天才学生,该室的研究工作还主要依赖于无所不能的卢瑟福。

卢瑟福的实验室和狄拉克的数学公式及其深奥思想的世界,虽是近邻却少有联系。卢瑟福把他的实验看作是前进中的指路者,而且不管他们发现了什么随后都必须要靠理论家们去解释。如果要检验什么想法,他们也是卢瑟福式的用简单的方程来做,而不是用狄拉克的抽象的数学。1933年在布鲁塞尔举行的索尔维物理学会议上讨论了正电子的发现,卢瑟福说:"在实验之前就有了关于正电子的理论,这看起来在某种程度上有些遗憾……如果这种理论是在有了实验事实之后再出现的,那我会更加高兴!"当时卢瑟福62岁,已处于他学术生涯的暗淡期。他那迟钝的逻辑曾使他可以弄懂了原子,但也仅此而已。*物理学预言的接力棒已传到数学专家这代新人手上。

可是卢瑟福学派仍然比其他任何人都更懂得怎样做物理实验。布莱克特是其学生之一,他曾被推荐为海军军官,并且在第一次世界大战中当过炮兵军官,曾目睹了日德兰岛海战。1919年,400名英国海军军官被送到剑桥进行为期6个月的常规学习。海军上尉布莱克特对这种学习十分乐意,于是辞去军职开始了物理学的新生涯。布莱克特曾用云室记录了原子核分裂的第一张照片。在自然辐射之下,布莱克特云室的活塞连续运行了很长一段时间,进行了几千次云室膨胀,但大多数所得照片上一无所有。用现代物理学家的话说,就是几乎没有"事例",也就是说辐射在云室里面实际上没有产生什么东西。为了找到"事例",就必须既费力又警惕地扫描云室照片。由于在所有云室曝光照片中只有很少几张显示出宇宙线的径迹,所以寻找亚核碰撞的照片是项艰苦的工作。

1931年,意大利物理学家奥基亚利尼［Giuseppe（"Beppo"）Occhialini］来到卡文迪什实验室工作。他是盖革计数器方面的专家。和老式验电器一样,这些计数器依赖于能使气体轻微导电的辐射。可是盖革计数器中安装了高压电极,导电气体能产生电脉冲。这些脉冲准确地对辐射"计数",听着是一连串的嘀嘀声。最初布莱克特怀疑这些新

---

* 即使是为了衬托狄拉克思想的深奥和敏锐,作者对卢瑟福的这一句评断也未免苛刻。——译者

图5.3 布莱克特(CERN 提供)。布莱克特与奥基亚利尼首次看到同时产生的电子和正电子对。

仪器的价值。他尖刻地说:"为了使之能够工作,你不得不在大斋期的周五晚上抱怨这些导线。"不久就证明这种怀疑是错的。盖革计数器的专家们发明了一种电路,这种电路把两个计数器连接在一起,把一个放在另一个的顶上,以识别通过两个云室的单个粒子。利用这种"符合电路",并且在两个计数器之间放上云室,只有当两个计数器一个接着一个打火,表示一个粒子通过了两个计数器时,云室才会被触发,即云室是受控的。用这种方式,云室照片就变得很容易挑选。在1932年初夏,80%的这种照片显示了宇宙线的径迹。布莱克特和奥基亚利尼对他们的成功如此欣喜,以致最初没注意到他们记录到的电子径迹有少数在云室磁场中拐到了错误的方向上。

布莱克特对狄拉克谈起过这些径迹,可狄拉克没有推行他的反电子预言,布莱克特也没有认真考虑狄拉克的理论。只是在得知了安德森的发现时,布莱克特和奥基亚利尼才意识到他们拥有过"非常丰富的"正电子。他们也看到了远离狄拉克理论的安德森所没想到要找的东西——拐向相反方向的径迹的V形对。这些是正负电子对——辐射的光子从负能量海中打出一个电子,并给它足够的能量使之变成一个带正能量的粒子,同时留下一个空穴,即正电子。比他的英国同事更易冲动的奥基亚利尼,马上带着这个消息冲进卢瑟福的房间,他激动地亲吻了来开门的女佣人!

1932年深秋,奥基亚利尼和布莱克特收集了约700张宇宙线的云室照片。给这两位科学家印象更深的是,宇宙线碰撞中所产生的粒子的数量,大约每次20个,一半带正电荷,另一半带负电荷,从同一碰撞点分开。测量径迹的密度和范围,科学家们能推断带正电荷粒子的质量与带负电荷电子的质量有什么差别。由于产生的带正电荷的电子数和带负电荷的电子数相同,又已知地球上一般不存在带正电荷的电子,布莱克特和奥基亚利尼从而推断正负电子对是由其他看不见的高能宇宙辐射在他们的云室中撞击原子核而产生的。每次量子辐射产生大量的电子—正电子对。根据爱因斯坦方程 $E = mc^2$,产生这样一个电子—正电子对需要的能量是电子(或正电子)质量的两倍。因此这是对辐射转化为物质的第一次证明。

《皇家学会会议录》在伦敦的办公室在1933年2月7日收到这篇论文。与此同时,安德森得知其他人也在研究带正电的电子,于是他匆忙地写了一篇结论性的论文。安德森的题为"带正电的电子"的论文在2

月28日寄到纽约的《物理学评论》。布莱克特和奥基亚利尼曾得到身边的狄拉克的帮助,而安德森为了说服密立根浪费了时间。幸亏安德森在1932年走在了前面,发表了他当时的尚不成熟的观点。密立根最终还是接受了正电子的观点并继而强调正电子是宇宙线的一种重要成分。在密立根长达300页的自传中,几乎没提过安德森。

1934年,巴黎的约里奥(Frederic Joliot)和伊雷娜·居里(Irène Curie,玛丽·居里和皮埃尔·居里夫妇的女儿)夫妇发现了一种只发射单个正电子的新的放射性物质。可见,反粒子不仅仅是来自空中。在太阳和其他恒星中也形成正电子,热核炉子最初就是由少数几个核蜕变点燃的。质子活跃地运动了几十亿年,最后克服了另一个质子对它的电斥力而与之合为一体,形成了一个带有单个正电荷的重核,同时放出一个正电子。

后来,安德森回忆说:"在设备良好的实验室工作,并已对狄拉克理论稍加了解的一个有洞察力的人,用一个下午就能发现正电子。"可是狄拉克理论中含有太多的创新观点,实验家们没有时间来调整他们的思路。另一方面,理论家们正忙于吸收这些新观点来为他们的同事策划正确的实验。颇具讽刺意味的是,正电子之父狄拉克几乎就在世界领先的亚核实验室的隔壁工作,可正电子却是在加利福尼亚被发现的。

1936年,53岁的赫斯和年仅31岁的安德森分享了诺贝尔物理学奖,前者是由于在宇宙线方面所做的先驱性工作而获奖,后者是由于在宇宙线中发现了正电子。布莱克特由于他一生在云室方面所做的工作而获得1948年度诺贝尔物理学奖。

在对许多物理发现作出更多贡献后,奥基亚利尼于1960年离开了粒子物理学,将他的注意力转向空间物理实验。他于1993年去世。1996年发射了用他的名字命名的意大利—荷兰的贝波(Beppo)X射线卫星(SAX),用于研究地球大气层外的宇宙X射线。"γ射线暴源"是只持续几秒钟的来自空间某处的高能辐射的强烈爆发,30年来一直令天文学家们不解。1997年,贝波天文卫星得以观察到这种爆发的X射线,并把这次爆发定位到猎户座中当时还看不到的X射线星。神秘的γ射线暴源之一第一次被定位于一颗恒星。

第六章

时间的反向通道

"我一直真正在努力做的是使它清晰,于是便有些笨拙地想出了这种半想象的图形化的东西。我仿佛看到径迹晃呀晃呀晃呀地摇晃或者扭动。即使现在,当我谈到还在起作用的影响时,我看见的仍是这种连接,而且我取这种转折点——就似乎像是有一大口袋东西——来试验,将其集中起来,并加以扩展。"费恩曼(Richard Feynman),*这个数学能手、物理天才、撬保险箱者、爱捉弄人的人、邦戈(bongo)鼓手和诺贝尔奖得主,这样讲述了他是如何凭直觉而捕捉到电子的行为的。费恩曼的新的电子绘景,把未来将要发生的事情和过去已经发生的事情同样对待,为正电子的存在提供了一种自然的画面。物理学家们再也不必用抽象的真空和空穴的方式来思考了。

费恩曼的摇晃—扭动这种直觉之所以得以起作用,有赖于前几代细致而踏实的物理学家们在[物理学]原野上的精耕细作。麦克斯韦的经典方程已表明,电磁场是以光速传播的一种振动的波——电磁辐射。由于辐射是电子和其他所有带电粒子的使者,了解了电子首先就

---

* 见《迷人的科学风采——费恩曼传》,约翰·格里宾和玛丽·格里宾著,江向东译,上海科技教育出版社,1999年9月。下文提到的邦戈鼓,是流行于拉丁美洲的一种小鼓。——译者

意味着了解了这种辐射。没有辐射,电荷就没有意义,这就好像有机场而没有飞机一样。

原子振子

19世纪末,物理学家们试图解释热的物体是如何以热和光的形式发出电磁辐射的。物体被加热时,它的原子振子运动加快,像微小的两极天线那样发射电磁辐射。受热物体最初只是单纯地变热,接着发出暗红色的光,然后是橘黄色的,最后变为"白热"。物理学家们发现,热材料所发出的辐射只和温度有关,而与材料本身无关。为了理解原子振子中的基本机制,物理学家们必须能够预言这种辐射的谱线——它是如何由不同波长的辐射组成的,有多少热量,有多少种光,红外和紫外各有多少。随着温度的升高,更短的波长出现了——光的波长比热的波长更短。物理学家们的原子振子模型给出的谱线与我们所看到的一致,只是有一处例外。一些方程清楚地表明,非常热的物体会放出无穷多的短波长辐射即紫外光。这显然是错的。没有什么东西会成为一个永不枯竭的辐射源。

一旦物理学的方程给出明确的预言,比如狄拉克对负平方根所显示的,这些预言就值得追踪。然而,一旦方程给出不想要的无穷大解,这通常就意味着这些方程已山穷水尽,此时就必须重新推敲基本假设。尽管严格地说方程是"错的",可这并不表示就该抛弃它们。它们只要在某一范围内有效,就是有用的。在温暖干爽的屋子里,完全可以忽视外面的雨。

1900年,柏林的普朗克当时正在寻找一种方式,以避免由新辐射方程所预言的紫外灾难。为了使辐射的总体频率符合实验所观察到的形式,普朗克提出:原子振子的振动能量 E 不是平均地分配在所有振动频率上,而是根据频率 ν 来分配的,即 $E = h\nu$,其中 h 是个特定值,为普朗克常量。由于频率与波长成反比,因而这个关系也可写成 $E = hc/\lambda$,其中 c 是光速,λ 是辐射的波长。

这种新方法看起来是有效的。高温的无穷大消失了,由此所得的频谱与实验观测到的非常吻合。可在消除了频谱中的问题的同时,普朗克又打开了一扇新的物理学之门。引入 $E = h\nu$,这意味着辐射不是像河流那样的连续流,而是像雨滴。原子振子发射的辐射是像闪电那样的一系列脉冲。普朗克把这些脉冲中的每一个称为"量子"(quantum,复数为 quanta),这个词来源于拉丁语"quantus",意思是"有多少呢"。这些量子的大小与辐射的波长成反比。波长越长,量子越小,也越不引人注意,因此像无线电波这种长波长辐射可以近似地视为一种稳定的流。可是,随着波长变短,其雨滴就带有更多的能量,紫外辐射看起来就更像"一粒粒的"。此时,普朗克并未真的认为这些量子是物理实体。他猜测,它们只是一种能让算得的每件事都正确的数学技巧。

辐射的这种量子化就像是液体的包装。矿泉水装在大瓶里卖,其他像香水这样贵得多的液体则装在小瓶里卖。普朗克的新方法还提供了意想不到的副产品。一旦暴露在光照之下,有些物质就会放出电子——微小的电流。如果光是一种连续流,光越多就仅仅意味着电子越多。可是,在这种"光电效应"中,释放电子所需的能量与光的波长的关系超过了与光的强度的关系。对光电物质来说,看来光是分粒的,因此最好将单个的光量子称之为粒子——"光子"。每个光子从光敏材料中打出一个电子,电子的能量取决于光子的能量。

20世纪初,随着量子理论的发展,人们对这些辐射中的量子变得更为了解,因为原子中电子的行为似乎像建筑物中的电梯——它们只停在某一层上而不会停在两层之间。电子从一个能级运动到另一个能级时会发射或者吸收一个确定的辐射量子,这取决于能级差和电子是向更低能级运动还是向更高能级运动。这些固定的能量以及由普朗克方程所得出的波长在通过棱镜时,它们表现为光谱线,即来自不同原子的光的特征"指纹"。在20世纪20年代中期,这幅绘景是完美的,当时新的薛定谔/海森伯/狄拉克量子力学可以计算原子中电子的不连续能级。

物理学家们现在懂得了为什么辐射是以量子包来发射的,而且业已成功的狄拉克方程为电子提供了一种几近完美的描述。可是狄拉克无法解释为什么电荷只能取一个固定单位(即电子的电荷)的整数倍。狄拉克的绘景是从静态说明了电子如何必须与原子核和平共处。电子是负责电磁辐射的带电振子。狄拉克方程没有说明如果电子突然受激会怎么样。它会发射多少辐射? 如果电子被照射,它能吸收多少? 尽管有了把电子作为一种粒子这种新的理解,物理学家们对作为振子的电子仍所知甚少。1929年海森伯评论说,电子对于量子力学就相当于普朗克的光量子对于麦克斯韦的电动力学。

描述电子和辐射的相互作用的最初尝试,是在1926年由德国的约尔丹(Pascual Jordan)完成的,这就是量子电动力学。面对一种混乱的局面,最常用的物理方法是首先提出尽可能简化的一些假说。借助这种"玩具"模型,物理学家们可以一个个地检验一些新想法。如果这个模型无效就放弃掉,如果有效就使它更精确一些。约尔丹把物质看作是在受照射时就会振动的带电荷粒子的阵列,就像弦被摇晃那样。这些颤动的电弦产生新的振动,这些新的振动被约尔丹假设为振动本身是根两端固定的弦,因此它们只能以某一固定频率振动。这种量子电动力学是莱特(Wright)双翼飞机式的,既臃肿又不优美,可有时它却能飞离地面并作短距离飞行。粗糙简陋的约尔丹绘景被狄拉克装点得漂亮起来,后者用电子的术语来描绘,因此无需再引入振动的弦。

麦克斯韦的经典方程已表明,电磁场具有以光速传播的电磁波。相对论对光速作出了解释。要想描述物质与电磁辐射的相互作用,显然就必须引入相对论。1926年,约尔丹和泡利引进了一种相对论性的电磁场玩具模型,可其中没有包含电荷。

狄拉克的关于电子的设计者方程第一次有说服力地把量子力学和相对论联系在一起。不过,狄拉克把他的静态方程扩展到电动力学的最初尝试是笨拙的,他只是在他的方程中按照麦克斯韦的方式增加了传统的电磁项。这就好像是给电磁的双翼飞机装上了量子喷气引擎。它可以飞,但却说不出它会飞向哪儿。

如何去掉无穷大

1929年,海森伯和泡利这对有实力的年轻人为发展电磁学的量子表述而联手合作。与狄拉克及其方程一样,最初他们也转入纯数学问题,用一套方程来试验,看看究竟需要什么。电子的前量子绘景总是把这种粒子描绘成一个微小的球,电荷分布在其表面上。量子绘景中根本没有电子半径的存在之处,否则就意味着必须描述电子内部的情况。电子必须是空间维度为零的无穷小的点,却具有占氢原子质量的1/2000的质量和一个单位的负电荷,而且能绕自身的轴自旋。

海森伯和泡利发现,电子空间维度的这个零出现在他们算式的分母中。任何数除以零都是无穷大,虽然他们尽其所能,但在他们的方程中仍出现干扰了他们计算的无穷大——电子与自身的相互作用。这使人联想起19世纪末把电子描述为一个微粒的尝试,电子的能量密度反比于它的半径。这个微粒不能无限小,否则其能量密度会变成无穷大。与电荷排斥不同,在这种前量子绘景中,电子内部的电荷"碎片"随着电子变小而彼此排斥得更强烈,而且,1906年法国数学家庞加莱(Henri Poincaré)甚至还引入了电子内部内聚力的思想来抵消它。狄拉克宣布这些推测无效,他说:"电子对控制它的结构出现的定律这些问题而言,真是一件过于简单的东西。"

量子电动力学的先驱们只是简单地扔掉了烦人的无穷大并继续忽视它。奇怪的是,方程的剩余项仍在起作用! 由于与狄拉克的无穷大的负能量电子"海"相互作用,更多的无穷大出现了。虽然这些无穷大也被抛弃,可方程仍然有效。这些无穷大可以根据在它们的分母里含有多少个零来分级。分母中含有的零越多,则方程发散得越快,要去掉的无穷大也越大。这架量子电动力学飞机是个奇怪的飞行器。它的主要的部件很快就坏了,可剩余的部分还在飞!

1932年,正电子的发现使每个人都坐下来进行更艰难的尝试。然而,海森伯很快就失去了信心,他把不得不抛弃无穷大而装做什么事也没发生,谓之曰"骗人的东西"。像狄拉克的无穷大"海"这么复杂的东西居然能用数学准确地表达出来,对此他也深表怀疑。尽管如此,他仍然坚持与泡利和狄拉克一同努力,构建出了能产生空穴(即正电子)的量子"海"的雏形。

泡利的一位年轻的奥地利学生韦斯科普夫(Victor Weisskopf)用这种新理论进行了电子与其自身相互作用的第一次计算,得出了一整串无穷大。这时给无穷大分级已发展为一种精细的技巧了。但韦斯科普夫的一个计算已散发出烦人的气味。看来这对该理论没有什么好处。韦斯科普夫在发表了他那篇不妙的计算结果后,收到加利福尼亚大学伯克利分校弗里(Wendell Furry)的来信,信中说他也在做类似计算,还发现了一个"普通"的无穷大。韦斯科普夫又看了一遍自己的计算,发现了自己出错的地方。他带着烦恼与羞愧去找导师泡利,并问导师他是否应该放弃物理学。傲慢的泡利温和地笑了,并说:"你不用放弃物理学,因为每个人都会犯错误。我除外。"

消除了疑虑,韦斯科普夫又回到为无穷大分级和去掉无穷大这项棘手的工作中去,并在1936年的一篇经典论文中写下了如何做这项工作的规则。可是,随着更多的计算的进行,这项工作又有了额外的麻烦。低频辐射量子的贡献会产生更多的无穷大,而且必须强加一个人工的"截止"频率来保持控制方程。泡利颇为"厌恶"地退出了,而且随着战争阴云的密布,德国与其他国家科学界的联系最终也断绝了。

"如果我是一个电子……"

20世纪30年代,纽约大西洋海岸的法罗卡韦郊区,有一个叫做费恩曼的少男喜欢收集数学方程而不是邮票。10年后,这个数学天才就要把量子电动力学构建成所有理论中最精确的理论之一。费恩曼对于量子电动力学就相当于狄拉克对于量子力学。可狄拉克与费恩曼之间的相似性仅此而已。狄拉克孤僻且不善交流,费恩曼活跃且爱大呼小

图6.1 费恩曼(《CERN信使》提供)。费恩曼提出了对反粒子的一种新的理解。

叫。狄拉克小时候被父亲忽视,而年轻时的费恩曼总是不断地被父母激发才智。两个人都具有不可思议的能力,猜测出了电子的行为方式。然而,狄拉克和欧洲人是用数学公式探索电子,费恩曼却把电子看成他的朋友。据费恩曼的一位学生朋友说,在考虑电子问题时,费恩曼只是自言自语:"如果我是电子,我会怎么做呢?"一会儿,费恩曼自己说出了答案:"电子做它喜欢做的任何事情。它可以在任意方向以任意速度运动,在时间上既可向前也可向后,随它喜欢怎么运动都可以,然后你把所有振幅相加即可得到(答案)。"面对这个不守规矩的粒子,费恩曼这位天才表述了对付它的数学框架。

费恩曼是个天才的物理学家,他能把任何难题分成一个个基本的部分,并搞清楚各部分之间是如何联系在一起的,然后再合并回去。同时,他也是个数学奇才,他能使难解的函数在大脑中形象化,观察一系列的展开或是看到由方程产生的曲线。费恩曼像个带着各种配件以对付任何复杂情况的技工,他是个数学器件的狂热收集者,而且已积累了大量的存货。

费恩曼解决问题的能力并不局限于数学。在大萧条时期费恩曼还是个孩子时,人们在把一些东西扔掉再买新的之前,往往先尽可能地去修理一下,费恩曼当时就有能够修理这些小装置的好名声。他尤其擅长修理收音机,那时这还是一种没什么人懂的新技术。他曾去一个顾客那儿,待修的收音机一打开就高声啸叫。看到"修理工"是个小男孩,这个顾客有些怀疑他的能力。费恩曼打开收音机,听听有什么问题,然后开始踱来踱去,思考着如何解决。"你怎么会修收音机呢,你还是个孩子啊!"这个鲁莽的顾客嘲笑说。费恩曼静静地把两个电子管的位置调换了一下,再重新打开收音机。果然,收音机能正常工作了。后来,通过这个人的引荐,费恩曼又修好了很多收音机,还得了个"靠思考来修理收音机"的好名声。有个疑问是,狄拉克是否会修理收音机? 假如他会修,他是否乐于提供这种服务呢?费恩曼知道自己与众不同,而且对自己的能力喜欢自夸。在大多数时候,他的自夸是可以忍受的。

费恩曼是麻省理工学院(MIT)的大学生,尽管名称如此,但该校有着重视基础科学的传统。在MIT的最后一年,费恩曼为争取哈佛大学的奖学金而参加了名声不好的普特南(Putnam)数学竞赛,这个竞赛的试题非常难,以致平均成绩为零分。费恩曼在规定时间内提前完成了考试,他的成绩比排在他之后的最好的候选人还好得多。可是他已经决定去普林斯顿大学了。

在普林斯顿,费恩曼遇到了温文尔雅的惠勒(John Wheeler)。如同福勒恰如其分地赞扬了狄拉克并使之步入正确道路一样,惠勒很快就发现了费恩曼的才能,并指导他从一开始就研究最难的问题。费恩曼读过狄拉克的《量子力学原理》一书,并为神秘的结语中的如下评断所激动:"看起来,我们已经尽可能远地沿着量子力学思想的逻辑发展之路走到目前所理解的地方。这些困难,即意义深远的方面,只有在理论基础发生一些剧烈变化时才能解决。"

费恩曼决心成为能解决狄拉克所思考的问题的那个人。可是,解决狄拉克的挑战比修理当年的电子管收音机需要更多的思考。和惠勒一起,费恩曼开始参与研究和重新检验粒子相互作用的基本思想。光的传播很快,但其速度并非无穷大。来自太阳的光到达地球需耗时8分钟。电磁场从一个电子传到另一个电子也需要极少的时间,费恩曼把"推迟波"的思想构建入其正在形成的电子相互作用绘景之中。接着他注意到一件奇怪的事情。如果改变时间标记,那么未来和过去就会互换,而他的方程仍然有效。这么做时,他的方程描述的是这样一种波:尚未发射就已经到达某处!由于美国已参加第二次世界大战,突然需要有才能的科学家,费恩曼只好将这一思想与他的所有其他数学工具及技能一并收存,留待来日再用。

费恩曼被吸收到洛斯阿拉莫斯新的机密实验室的理论组,那儿正在研发原子弹。理论组的主要任务是预测在各种意外条件下会发生什么情况——铀气扩散有多快,中子运动有多快,原子弹起爆有多快。这就意味着要进行巨量的计算,可那时没有真正的计算机能帮忙,只有机械式计算器。洛斯阿拉莫斯理论组的头头是贝特(Hans Bethe),他也是位天才的物理学家,是最早认识到太阳是个以核反应为动力的炉子的人之一。贝特离开了纳粹德国,最后到了纽约州北部的康奈尔大学工作。和贝特在一起,费恩曼惊讶地发现有人能比自己计算得还好。在这个战争年代里,费恩曼本已令人生畏的数学技能得到了进一步的发展。通过和费恩曼一起工作,贝特意识到他发现了一个举世无双的天才,战争一结束他立即在康奈尔给费恩曼提供了一个职位。另一位欧洲移民科学家维格纳(Eugene Wigner)*说费恩曼是"这个时代人类的第二个狄拉克"。

战后康奈尔发生的最初几件事之一是该校建校200周年校庆**。物理系组织了为期3天的有关核科学的未来的讨论会,特邀报告人之一就是狄拉克。狄拉克一直受人尊敬,可他已不再是年轻人了,他的思想也不活跃了。在康奈尔他重复了他的警告:20世纪30年代对量子电动力学的表述需要根本性的再思考,可是他并没有给出如何去做的任何建议。费恩曼受委托介绍狄拉克的报告并负责组织接下来的讨论,他讲了几个俏皮的笑话,可在这种严肃的会议上不太受欢迎,他又重申了狄拉克的呼吁——"我们在数学形式上需要一个直觉的飞跃,就像我们在狄拉克电子理论中做过的那样"。

在整个物理学史中,有一种技巧总是行之有效的,尽管在解决新问

---

* 见《乱世学人——维格纳自传》,尤金·P·维格纳等著,关洪译,上海科技教育出版社,2001年9月。——译者

** 原文疑有误,康奈尔大学成立于1865年。——译者

题时它并不总是十分显然,这种技巧就是所谓的"最小作用原理"(principle of least action)。每个司机都知道,在快速路上走长路往往比在辅路上走"捷径"更快。在快速路上的速度弥补了在辅路上缓慢的行进。可是,当在快速路上绕的路程超过了由其快速所能弥补的距离时,这种事情也会有个极限。在计划穿越乡村的旅行时,最优的路线可以是一系列辅路和快速路的交相混合。物理学也是如此,在此处"最小作用原理"的意思是,面对众多可选方法找到最优的解决办法。在某种程度上,大自然本能地知道这种解决办法。在空气中小球的光滑曲线轨迹是最优的路线,这使小球克服重力所做的功为最小。最小作用原理不是计算小球轨迹的最佳方法,却是理解它的一着妙招。最小作用原理是数学物理的劳斯莱斯。

20世纪30年代末,狄拉克在寻求对量子电动力学发起新进攻时已转向这种方法。1925年狄拉克对量子力学的重新表述就曾依赖于量子力学和经典力学的具体形式——他的"泊松括号"——之间密切的相似性。最初"泊松括号"是为最小作用原理而特制的。在他的"泊松括号"类比法提出10多年之后,狄拉克又开始寻找一种新的数学类比法来指导量子电动力学。然而,1925年那次周日散步时的恍然大悟没有再次出现。不过,1933年他对量子电动力学如何可能与和时间有关的最小作用原理相类比有过模糊的建议。但这一直是个模糊的建议,他并没能做下去。

在1946年康奈尔的200周年校庆上,费恩曼从正在举行核物理专题讨论会的房间向外望去时,看到狄拉克正躺在草地上。费恩曼看过狄拉克的老建议,也对此进行过深入的思考,而且认识到了狄拉克在他1933年论文中的意向。对费恩曼来说,这正是前行之路。在康奈尔的草坪上,费恩曼走近这位年长的物理学家并向他请教,问他在最小作用原理与量子电动力学之间是否已经找到一座直接的数学桥梁。狄拉克看起来很吃惊,一走了之。

为了集中自己的思想,费恩曼用最小作用原理把量子力学的狄拉克绘景彻底地重新表述。其思路是:找到粒子在任何情况下可能发生的所有事情,然后把它们加起来并求出最优的一种。最初,在其中没引入相对论,所以没得出什么新东西。可费恩曼却为此自豪。"用一种新观点来认识老事物,乃是一种乐趣。"费恩曼如是说。

兰姆移位

为了集中思考量子电动力学问题,1947年在纽约长岛的谢尔特岛组织了一个小型的专题讨论会。在洛斯阿拉莫斯岁月中所有的大人物都来此参加由韦斯科普夫组织的讨论项目。在谢尔特岛会议中期发生了一件轰动的科学事件。在纽约的哥伦比亚大学,一位名叫兰姆(Willis Lamb)的年轻研究人员用微波照射氢,发现了两个分立的能级,根据狄拉克方程这两个能级应该完全相等,但它们确实由极小能隙分开了——这就是后来所称的"兰姆移位"(Lamb shift)。谢尔特岛会议没能集中考虑无穷大问题及其解决办法,取而代之的却是被这个新进展搞得不知所措。在无所不能的狄拉克方程中,竟有一个未曾预料到的缺陷。贝特并没有因此而惊慌,在会后回家的火车上,他依老习惯在一张信封背面进行了一次老式量子电动力学的难做的计算,去掉了一些无穷大,还武断地去掉了一些波长。

贝特得到了兰姆移位的正确答案,但他知道这并不是量子电动力学要走的路。回到康奈尔之后,贝特把这个问题扔给戴森(Freeman Dyson)。戴森是来自英国的一个聪明的年轻学生,他8岁时曾写过一部科幻小说,后来又使自己有了数学家的名声。在纽约州的另一端,即兰姆做成实验的哥伦比亚大学,一位名叫施温格尔(Julian Schwinger)的年

图6.2　老于世故的数学完人施温格尔（哈佛大学，经美国物理协会塞格雷图片档案馆允许使用）。

轻物理学家业已找到了一种数学解法。

施温格尔和费恩曼同龄，还在上高中时他就去纽约市立学院的图书馆研读过狄拉克的一些论文。在战争期间，施温格尔从事过雷达工作，这种雷达工作虽然没有什么吸引力，但从美国在战争中的贡献方面来看，却是有其重要性的。施温格尔温文尔雅，在工作上追求完美，老于世故。可是这些品质却常常使得他的思想难于被人接受。有些人认为他是故意做作。施温格尔的新方法灵巧地回避了曾使贝特、狄拉克、海森伯、泡利和韦斯科普夫都为之伤神的那些无穷大，而且对兰姆移位也给出了正确的答案。

在康奈尔，费恩曼继续尝试着把他的最小作用思想和相对论思想结合起来。费恩曼记起了他在普林斯顿与惠勒一起试过的那种方法，即认为由于通过振子发射出来之前波就已到达某处,所以波在时间上可以往回传播。费恩曼发现,如果把这些可能性放在他的最小作用绘景中,则每件事顿时都会变得明朗了。相对论电子的新绘景诞生了。费恩曼指出,正电子就是在时间上往回走的电子。

费恩曼为这种思想的创新进行奋战,这意味着应该抛弃未来对过去不会有影响这种观点,至少在微观尺度上是如此。可这是相对论在起作用。爱因斯坦已经指明,没有绝对的时间零点,所有的时间都是相对的。那么,未来的时间为什么会不一样呢?费恩曼说:"一下子考虑所有时间中的事件,并想象在每一时刻我们只意识到发生在我们身后的事情,这在物理学中可能会证明是有用的。"他甚至想出了一个粗糙但尚能用的类比。一个徒步旅行者会直接爬上小山。可是一个司机却只能走另一条路。看地图设计穿过山区的路线时,司机会从迅速能见到的几条并行道路中挑一条。为了爬上山,路本身会有迂回,而且会有一条蜿蜒之路通向山顶。在设计最优的路线时,司机不能走直线,所有这些迂回都应算计在内。在出发前,一个量子必须考虑未来它要做什么。

将这些思想用于电子和正电子时,可以用使人感兴趣的小图形写出来,即"费恩曼图",它是亚原子物理的地下交通图。电子和正电子是带有箭头的直线,箭头用来指示时间进行的方向。辐射的量子——光子,在时间上不论是向前或是向后,看起来都是相同的,用波浪线来表示。三维空间和第四维时间在一张二维纸上是不可能容纳的。费恩曼图(见图6.3)仅是代表一维空间和一维时间的简化了的世界。可是空间维度和时间维度可以交换,在这张相对论的图上,南北旅行和东西旅行一样容易。调转一下图,在1947年之前被看作完全不同的物理过程,现在则认为是密切相关的。因此一个电子散射与一个电子和一个正电子湮灭成一股辐射,然后重新物质化而成为另一个正负电子对是同样的作用。对电子而言,不存在时间传播问题。

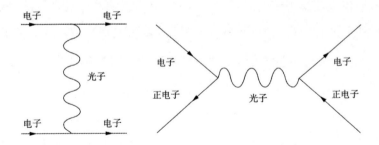

图6.3 费恩曼图表示简化了的一维空间(上和下)和一维时间(左和右)的世界。左图:电子通过交换一个辐射量子(即光子)而被另一个电子散射。可是空间维度和时间维度可以相互交换。调转一下图,就表示一个相关的反应,即一个电子和一个正电子湮灭成一股辐射,然后重新物质化而成为另一个正负电子对。正电子看起来就是时间箭头反过来的电子。

　　费恩曼的时间箭头避开了狄拉克那令人痛苦的负能量海,为正电子提供了一种全新的令人信服的解释。可这并不能回避真空的复杂性。取代必须被看作所有可能与无穷大负能量海相互作用的是,现在真空变成了充满着费恩曼图的小配件,正负电子对来去匆匆,或是在回归母体电子之前经过时空的偶尔偏离的光子圈(图6.4)。

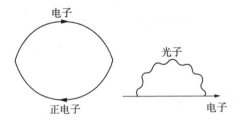

图6.4 真空绘景。物理真空中充满了费恩曼图的小配件,正负电子对来去匆匆,或是在回归母体电子之前经过时空的偶尔偏离的光子圈。

　　费恩曼的图形法和施温格尔优雅的代数对兰姆移位提供了同样的解释。可施温格尔的表述让人难以把握,而费恩曼的小图形却让物理学家们得以跟踪到发生的事情。后来，施温格尔说，费恩曼图"就像现代的硅芯片一样，能让计算大众化"。（许多人把这解释为对费恩曼工作的欣赏，其实是老于世故的施温格尔对这种"简单"方法的暗中嘲笑。）

在物理学词汇中出现了一个新词"重正化"（renormalization），用来描述对付不想要的无穷大的一种新方式。这些不想要的无穷大总是在计算像电子电荷或是电子质量这些基本量时出现。这种思想的巧妙之处在于，选择基本电荷或质量的值，以某种方式必须将它们加进方程中，通过这个方法令所得出的总电荷或总质量等于实验观察值，这个观察值显然不是无穷大。加进方程中的总电荷或总质量含有一个无穷大的项，这个无穷大等于计算所得的无穷大的负值。表面看来荒唐可笑，可无论怎样它确实是有效的，因为在处理诸如电子质量和电子电荷这些量时总是出现不想要的无穷大，这些量不能从一开始就预测出来，而只能人为地加到方程中去。为什么不能加进无穷大呢？

不论是喜欢普通的费恩曼模型还是奢华的施温格尔版本，量子电动力学已最终完成，而且每一个都登上了彼岸。计算不再被无穷大和狄拉克的无穷大负能量电子海的人为思想所阻碍，如此痛苦地被发明又如此困难地被运用的这些东西可以抛弃了。将来的几代物理学家可以从费恩曼图直接学习量子电动力学，他们还会奇怪有关"海"的所有忙乱究竟是什么。日本的朝永振一郎（Sin-ichiro Tomonaga）也独立地发展了这些新思想。1965年，费恩曼、施温格尔和朝永振一郎分享了诺贝尔物理学奖。

费恩曼在整个一生中是丰富多彩而又有争议的。许多人认为他是让人反感的，可他也有高尚的一面，这在他与阿琳·格林鲍姆（Arline Greenbaum）的第一次婚姻中就最突出地表现出来了。1942年他与她秘密地结了婚，当时他知道她患了有生命危险的淋巴结核病。在婚礼上因担心被传染他没有吻他的新娘，可他一直充满爱心地照顾她，直到1945年她去世。阿琳去世后一个月，他在一家商店橱窗里看到一套女装，觉得穿在阿琳身上会很好看。想到这里，他在大街上不能自已而放声大哭。

1981年，费恩曼因腹部癌症做了手术。1981年8月，我和费恩曼在葡萄牙的里斯本参加了一个国际物理学会议。有一天上午，我们两人都决定不去听一个特别烦人的报告，于是便坐在咖啡馆里。我做了自我介绍，并问到他的健康状况。他粗俗而无礼，甚至连我的问题也没回答。如果在其他情况下，我也会无礼地回敬他或是冲他大喊。可这是伟大的费恩曼。在我转身走开时，我听到他放声大笑。1988年我在写他的讣告"快行道上的物理学"时未曾提及此事。

第七章

夸克和反夸克

　　光是在带电物质振动时产生的,但它本身却不带电荷,它是一种特殊的物质。反光由反物质电荷振动时产生,它和光是一样的。反物质世界是由与我们自己的世界一样的光照亮的。可20世纪的物理学业已发现,物质不仅有电荷标签,而且还有更多其他的标签。在反物质中,这些增加的标签被反过来了,许多电中性粒子也可以有反粒子。

　　卢瑟福发现原子核并指出其中包含质子之后,很快就认识到核里面不仅仅是含有质子。质子比电子重2000倍,因此电子对原子质量的贡献几乎可以忽略不计。可是,只把质子数加起来所得的核的质量却是错的。用核中带电的质子算出的质量只有原子质量的一半左右。卢瑟福指出,之所以存在原子质量的缺失,是由于核中存在很多大约与质子一样重但不带电的中性核子。他把这些粒子称为中子。

　　1930年,在用α粒子轰击像铍这样轻的原子时,德国物理学家博思(Walther Bothe)和贝克尔(Herbert Becker)产生出了能穿过10厘米厚铅板的某种东西。最初他们认为这是某种放射性,可1932年伊雷娜·居里和她的丈夫约里奥指明,这种东西能把氢中的质子打出来。在1898年皮埃尔·居里和玛丽·居里夫妇研究了意义重大的放射性之后,这是第二代居里夫妇的小组取得的重大科学突破。但他们没有充分地研究它的内在含义。由于卢瑟福的督促,剑桥的小组抢着完成了这项工作。查德威克是卢瑟福的另一名出色的学生,后来也荣获了诺贝尔奖,他研究了约里奥-居里夫妇的质子,发现它们的行为像是由一种质量与质子基本相等的粒子释放出来的。这便是卢瑟福的中子。

大多数原子核含有的中子和质子同样多,中子作为核中的重量砝码,来平衡由于带正电的质子挤在一起而产生的电斥力,它大约是束缚一个质子与原子中的一个电子的吸引力的100亿倍。*质子与中子之间核的超级胶水在通常情况下强得足以抵抗使质子分离的力,但也并非总是如此。

1938年12月20日,柏林的主要科学实验室在威廉皇帝(Kaiser Wilhelm)研究所举行圣诞晚会,这本应标志这一年研究工作的结束。可是有两位放射化学家哈恩(Otto Hahn)和斯特拉斯曼(Fritz Strassmann)正忙于用中子簇射铀。他们知道已经产生了新的放射性产物,但还没能确认这些产物的核是什么。由于没有耐心等到圣诞节的休假结束,这些科学家就在几乎没人的实验室中继续实验。他们期望铀核应该吸收一个入射中子转化为一个同族的重核,同时像以往一样失去一些小碎片。与之不同的是,他们惊讶地发现他们已催生了一种新的核反应过程。一个铀核难以消化这个额外的中子而分裂成几乎相等的两半,同时放出不少中子。这种新的反应过程叫做核裂变,发射出的中子可以催生更多的裂变,即链式反应。在7年之内这种新的中子化学将改变世界历史的进程。1945年7月16日,第一颗原子弹在新墨西哥沙漠的阿拉莫戈多附近试验。在几周之内,原子弹就被投到了广岛和长崎,结束了第二次世界大战。

至于它自身,无辜的中子是核稳定性的一名驯服的哨兵。可在太

---

* 表征强力大小的耦合常数是个随反应能量而变的数,它通常是电磁耦合常数1/137的100倍。——译者

空深处,中子却扮演了不同的角色。巨大的恒星好像是宇宙虚空的清洁者,它们强大的引力无情地把零散的星际气态碎片吞没掉。这样的恒星越来越大也越来越重,最终到了引力的压缩超过了维持原子结构的弹性力的状态。在这种引力压缩之下原子坍缩了。恒星的原子中的作轨道运动的电子被压到核里,每个电子的负电荷抵消了核中质子的正电荷,形成一个中子。由于没有任何原子的填充,所得的"中子星"宽度只有大约10千米,可是这种致密的核物质比常规的原子物质重10^{12}倍。每立方厘米中子星重量约为10^{12}吨。在外层空间的深处,这些完全由中性核子组成的致密恒星已不再像普通原子物质那样存在电性不均衡。如果一个中子和一个反中子像光的粒子那样是同一种粒子,中子星就会既是物质又是反物质,那在我们熟悉的世界中或是在反物质世界中就会是一样的。然而,已经证明中子并不是自身的反粒子。中子有内部结构,其在反物质镜像中有可识别的不同之处。中子星是不能自由进入反物质世界的。

原子粉碎器

在第二次世界大战期间推动了中子物理发展的那些人,包括诺贝尔奖获得者贝特、费米(Enrico Fermi)、费恩曼、劳伦斯(Ernest Lawrence)在内,在完善这种大规模毁灭性武器的同时,都必须面对他们的爱国义务和他们的良心之间这种可怕的有关人性的两难境地。随着战争的结束和他们爱国义务的完成,他们吵嚷着退出了武器工程,返回他们原来的大学去从事纯粹的研究工作。他们的战时物理学改变了世界,同时世界也改变了物理学。研制原子弹需要工业界的大量努力,物理学家们从而学到了新的管理技能。这些科学家也成了第二次世界大战的英雄,他们是能使物质的微小碎片产生巨大爆炸并且使冲突结束的魔术师。作为回报,同时也是为在接下来的冷战时期保持核优势,这些物理学家可以得到他们想要的任何东西。

20世纪30年代初,在旧金山海湾小山上的加利福尼亚大学伯克利分校工作的美国物理学家劳伦斯已经发明了回旋加速器,这是一种能把带电粒子加速到高能量的机器。在劳伦斯的环型装置中心,被喷射的核子在电场和磁场的一种特殊装置(即一种电磁弹弓)中越来越快地做螺线运动。劳伦斯的新亚原子加速器提供了一种能打碎原子核的有力的新锤头。因发明这种"原子粉碎器",劳伦斯获得了1939年度的诺贝尔物理学奖。伯克利实验室和劳伦斯在战时的工作中继续担任了至关重要的角色。伯克利的工作人员发展到接近1200人,其中包括65名保安人员。战后,该实验室从战时的工作中继承了许多资金和资源。其他大学也仓促地建造能显示其地位的新的回旋加速器。在这个大陆的另一端,在纽约附近长岛的老陆军基地建成了一个重要的新实验室。阿普顿营(Camp Upton)最早建于1917年,是美国部队开赴第一次世界大战欧洲战场的途中补给站,现已成为布鲁克黑文国家实验室(Brookhaven National Laboratory)。

战后,在美国对新的科学研究计划进行调整的同时,欧洲的物理学仍旧按战前的适当规模发展。由于没有重大的新建设项目(至少最初时是这样),多才多智的研究者只能从他们离开时停下来的地方着手继续做。好像是努力为了弥补失去的时间,急切的物理学家们爬上高山,在更高的地方让照相底板曝光,以此来增加宇宙线的能级,从而做出了许多激动人心的发现。众所周知,战前欧洲是物理学的中心,到欧洲的一所重点大学工作一段时间,几乎是有抱负的美国研究人员的必由之路。自从欧洲科学家到北美洲加盟由美国出巨资资助的原子弹工程之后,这种模式就被破坏了。由于担心可能失去新获得的地位,美国物理学家妒忌地注视着欧洲物理学家有关新粒子的一系列发现:μ介子(即

μ子）、π介子、所谓的"V粒子"、τ子，等等。物理学之摆会再次摆回欧洲吗？美国的新回旋加速器会不会成为一个摆设？

1948年4月，美国原子能委员会授权建造两个新的巨型原子粉碎器，一个建在布鲁克黑文，另一个建在伯克利。1952年，布鲁克黑文的"高能同步稳相加速器"建成，不久就能大量产生那些最初是在欧洲宇宙线实验中发现的新粒子。美国的物理快车通过之时欧洲人只能靠边站了。伯克利的机器能量略高一些，它只有一个专门的目的，那就是寻找反质子，即质子的反粒子对应物。这种反质子是狄拉克早在1932年就大胆预言过的，可并非每个人都对反质子持乐观态度，有人还曾为此打赌。

反 质 子

宇宙线专家曾希望反质子能像正电子一样也落入他们布下的罗网，可事实证明核的反物质的本性更难以捉摸。用狄拉克的话说，辐射量子必须有足够的能量从负能态"海"中挖出一个粒子。到了1947年，这种观点已被转变为更具吸引力的语言：辐射的量子必须转化为粒子—反粒子对。为了实现这种转换，辐射量子必须提供两倍的单个粒子或反粒子的质量。由布莱克特和奥基亚利尼看到的宇宙线量子只能形成两个电子的质量。为形成一个质子—反质子对，必须要有2000倍那么强的辐射。在宇宙线中找到这样的能量是困难的。1954年和1955年出现了有些含糊的关于难以捉摸的反质子的宇宙线报告，可这些结果是缺乏说服力的。当伯克利的新机器——高能质子同步稳相加速器——于1954年开始运行时，它是世界上威力最大的原子粉碎器。反质子的舞台已经搭建好了。

安德森先驱性的实验已经表明，要把沿某一方向运动的正电子与沿另一方向运动的电子区分开来是多么困难。在伯克利，张伯伦(Owen Chamberlain)、塞格雷(Emilio Segrè)、威甘德(Clyde Wiegand)和伊普西兰蒂斯(Tom Ypsilantis)开始准备捕捉反质子。塞格雷1905年生于罗马，20世纪30年代曾在罗马大学与费米一起工作。费米于1938年到斯德哥尔摩领诺贝尔物理学奖，此后就再也没有返回法西斯统治下的意大利。他转而在美国安了家。意大利的损失却成了美国的收获。费米在芝加哥大学继续领导一个组建造了世界上第一座核反应堆，接着又到洛斯阿拉莫斯参加了原子弹工程。塞格雷跟随费米到了美国，在洛斯阿拉莫斯他成了一个小组的领头人。早在伯克利和洛斯阿拉莫斯时，威甘德就和塞格雷一起工作过。张伯伦是加利福尼亚人，在洛斯阿拉莫斯时曾与塞格雷共事。战后在芝加哥与费米一起工作了一段时间后，张伯伦到了伯克利。伊普西兰蒂斯当时是位年轻的博士后研究人员，此前不久才加入到伯克利的这个群体中。

这4位实验人员耐心地等待着高能质子同步稳相加速器达到其设计能量并越过反质子的壁垒。他们知道，新高能质子同步稳相加速器产生的每百万个质子中只有一个能继续产生一个反质子，而余下质子会变成其他粒子。为了把宝贵的反质子精华提取出来，他们使用了一种磁透镜的精巧系统。就像用棱镜把一束白光分成组成它的各种色光组分那样，让混合的粒子束通过磁场时就可把它们按不同的能量区分开。正如安德森曾借助在磁场中径迹的弯曲来区分快正电子和慢正电子那样，高能质子同步稳相加速器实验用一块磁铁扫除带正电荷的粒子，滤出最有希望的富含反质子的负电粒子束。实际上他们采用了一块接一块两块连用的磁棱镜，以使粒子束更纯一些。

为了辨认反质子，实验测量了粒子经过相距12米的两块磁透镜的时间。由高能质子同步稳相加速器产生的大多数亚核粒子几乎是以光速运动的，通过12米的距离需要用40纳秒(1纳秒为10^{-9}秒)。反质子由于非常重,会走得慢一些,要用51纳秒。探测反质子的能力取决于20世纪50年代的电路探测11纳秒时差的能力。可即使是按11纳秒的要求而挑出的按对来计的数目也还不够。也可能有两个紧挨着的无关的粒子在这之间恰好用了这样的时间间隔,从而可能"欺骗"电路,使之误以为是一个反质子通过了。

为了堵住这个漏洞,这个小组提出还要用一种分离法来测量粒子的速度。尽管没有什么能比真空中的光更快,高能粒子却能以比光在玻璃中的自然速度还快的速度来穿过像玻璃这样的透明固体。一旦发生这种情况,就会有一种光的振动波产生,称之为切连科夫光,这是以俄国物理学家切连科夫(Pavel Cherenkov)的名字而命名的。这种光的方向取决于高能粒子的速度。在此实验的精巧的速度滤光器中,用一个圆柱形的镜子来保证只有与反质子对应的光才能被反射到焦点上,并由一个光放大器来拾取。

1955年,高能质子同步稳相加速器的能量达到了反质子的阈值。电子学线路设定为在每次检测51纳秒的时间延迟时"开始启动",同时用切连科夫光放大器记录下光。4位实验人员急切地注视着示波器。什么也没发生。没看到能表明是反质子标志的任何信号。他们意识到,也许是什么地方有误而影响了这个精致的设备,于是掉转了磁棱镜的磁场,这样就使他们的仪器对带正电荷的大量质子很灵敏。没发现质子,他们检查了他们的计算,发现在磁棱镜中有一个错误设置。改过来后,他们先从质子的检测开始,且只在看到大量质子计数后才又把磁场掉转过来挑拣反质子。不久,第一个反质子候选者计数就出现了。那些打赌否认存在反质子的人输了。这个记录反质子的实验继续进行了3个月,而且能够表明质子和反质子的质量在大约5%的误差内是相等的。

这个发现很快就被在高能质子同步稳相加速器上进行的、向所有

图7.1 发现反质子的小组成员，从左到右为埃利奥夫(Tom Elioff)、巴肯斯托斯(Bob Backenstoss)、拉森(Rudy Larsen)、威甘德、伊普西兰蒂斯(伊普西兰蒂斯摄)。

人揭示反质子存在的实验确认了。第二个实验中把复杂的电子学探测器换掉，代之以照相乳胶板，就是那些欧洲的小组在他们早期的记录宇宙线发现中常用的那种。这个小组中有意大利物理学家阿马尔迪(Edoardo Amaldi)，有一次他曾在宇宙线底片中发现可能是反质子的飞逝的一瞥，可是他没能确定它。在高能质子同步稳相加速器上产生的激动人心的反质子乳胶之"星"，很快就成了亚核物理采集者的论题。1959年，塞格雷和张伯伦分享了诺贝尔物理学奖，仅比切连科夫获此奖晚一年，切连科夫所做出的并以他的名字命名的辐射发现对他们的实验十分重要。

反质子一经发现，马上就成了下一个反粒子的踏脚石。1957年，科克(Bill Cork)、兰伯森(Glen Lambertson)、皮乔内(Oreste Piccione)和温策尔(Bill Wentzel)开始寻找反质子的反核伙伴(即反中子)。这将会更加困难。由于反中子不带电荷,因而无法直接探测到,只能通过其相互作用间接进行。伯克利小组控制好反质子并使它们照射到液体浸没的闪光材料中。接下来,计数器自动记下是否有带电粒子通过,最后束流遇到切连科夫计数器的玻璃片。实验人员发现了74个事例,其中入射的反质子显然在最初的闪烁靶上失去了电荷,没有带电粒子通过下一个灵敏的计数器,可是用切连科夫计数器却检测到了相互作用的结果。在这些相互作用中,反质子在第一个靶上交出了电荷,转变为反中子,那么在通过带电粒子探测器时就看不到,直到反中子进入切连科夫玻璃的原子核中与一个亚核粒子湮灭并发出亚核碎片的特征闪光时才可见。

有了反质子和反中子,下一步就是制造反核。第一种核反物质是由雄心勃勃的意大利物理学家齐基基(Antonino Zichichi)在1965年合成的。氢是所有原子中最简单的一个,是由单个电子绕一个质子做轨道运动形成的。它的核只有一个粒子。可是,在自然界生成的氢原子中,每一万个中有一个是不同的,它的核中仍是一个质子(否则就不再是氢了),可是额外还有一个中子与质子紧紧地束缚在一起。由于它有两个单位的原子量,这种“重氢”被称为氘,质子—中子对核这个最简单的复合核被命名为氘核。氘和水反应生成D_2O,而不是一般的H_2O,它比普通水重10%,称为“重水”。齐基基在日内瓦的CERN实验室工作,他在用高精度提纯的带负电粒子束来增进反质子的供给时发现了反氘核,每个反氘核由一个反质子和一个反中子组成。反核可以像原子核一样牢固地结合在一起。

丰富的粒子和反粒子

在20世纪50年代末,一个在布鲁克黑文,另一个在芝加哥附近的阿尔贡的能量更高(机器也更大)的加速器,把布鲁克黑文的质子同步回旋加速器和伯克利的高能质子同步稳相加速器结合起来了。这些巨型的新原子粉碎器耗资巨大,超过了任何一个欧洲国家所能负担的数额,于是,为了能与美国同步,西欧各国集资协作组建CERN,在瑞士的日内瓦建造了他们自己的一台大型机器。这个新一代的质子加速器获得了意想不到的新粒子的大丰收。实验者们无论向哪里看,似乎都可以发现一种新粒子。最初的目标是解释原子核的结构,可它在发现新粒子的淘金热中很快就被撇到了一边。随着大学的迅速扩展,得到教授职位的最佳证明书莫过于发现一种新粒子的声明。

所有这些新粒子都极不稳定,它们在衰变成更轻的粒子之前只能存在比几分之一秒还短的瞬间。可是新粒子太多了。就像是在19世纪中期,曾有一度新的化学元素不断被发现,需要对化学进一步完善一样。后来,门捷列夫(Dmitri Ivanovich Mendeleyev)通过把元素排成格栅结构的顺序,揭示出最初看来极为不同的元素,例如气体氟和关系密切的固体碘之间存在着的奇怪的相似性。只有到20世纪初原子的电子结构被揭示之时,才弄清楚元素的这种排列模式的因果内涵。门捷列夫元素表的规则反映了原子中电子的量子排位方式。那么在20世纪50年代新粒子的发现热潮后面隐藏着的是什么呢?是什么制造出了如此多的粒子,又是什么使它们瞬间就衰变掉了呢?

在粒子物理学中,盖尔曼(Murray Gell-Mann)*扮演了门捷列夫在基础化学中扮演过的角色。盖尔曼出生在纽约城,最初他被看作是个智力上早慧的少年。作为一个真正的博学者,他对语音学和语言有着敏锐的听觉。甚至在他的姓中,在两个音节上有着同样的重音,也反映了这种关注。慢慢地他才转向物理学生涯,终于在20世纪50年代初加

---

* 见《奇异之美——盖尔曼传》,乔治·约翰逊著,朱允伦、江向东等译,上海科技教育出版社,2002年12月。——译者

入了芝加哥的费米学派。在那里,盖尔曼决定研究流行的不稳定粒子,寻找内在的顺序。面对令人困惑的复杂性,他寻找简略的内在规律。

动物有各种形状和大小,但可以按有多少条腿来有效地把它们分类。鱼和蛇没有腿,人和猩猩有2条,大多数哺乳动物有4条,昆虫有6条。看一看动物的繁殖方式,这种"腿数"至关重要,为了使结合是生育性的,一个动物必须和腿数与之相等的另一伙伴交配。为了繁殖,我们可以说腿数必须要"守恒"。可是在进化的完全不同的时间尺度上,腿数什么作用也没有,所有现存的动物的祖先都来自海洋,原来根本就没有腿。所以正在寻找相当于粒子的腿数的盖尔曼推理,粒子也会如此。电荷总是守恒的。可也有某些类似的量,物理学家称之为"超荷"(hypercharge)。每种亚核粒子都带有一个电荷和一个超荷这两种标签。电荷总是守恒的,可超荷只在粒子形成的这段短暂时间尺度上是守恒的,在它们发生衰变时的较长的时间尺度上并不守恒。

盖尔曼对文字的鉴赏力使他并不喜欢超荷这个名字,他发明了一个与之相关的标签——"奇异数"(strangeness)。由新的质子加速器制造的一些不稳定粒子确是奇异的,不这么叫又能叫什么呢?可是更多的传统的物理学家并不欣赏奇异数是一个可测量的量的想法。大家习惯于称基本粒子为"-ons"(子),并在希腊字母后面加上这个词尾来命名新粒子,他们认为盖尔曼的提法太异想天开而缺乏严肃性。他提出的"奇异粒子"的头衔必须校订为"新的不稳定粒子"。

1954年,盖尔曼从芝加哥大学转移到加州理工学院。到这时,书本中记载的不稳定亚核粒子已超过30种,且大多数都带有盖尔曼的"奇异数"标签。盖尔曼用数学的对称性思想产生2维图式,当用电荷和奇异数来标记粒子时他发现,粒子自然地形成了族,即包含8个粒子(有时是包含10个粒子)的几何图式。这些图式是门捷列夫周期表中上下元素间的联系的亚核对应物。在伦敦,身为以色列武官的内埃曼(Yuval Ne'eman)同时做着物理学研究,他也有了相同的思想并发现了相同的图式。

可在这个使人感兴趣的新的排位方式后面蕴藏着的是什么呢?数学上,八重态和十重态来自3个基础分量的不同排列方式。这种思想由盖尔曼和加州理工学院的另一位研究人员茨威格(George Zweig)同时提出。内埃曼也意识到了潜在的三重态的意义。语言学家盖尔曼艰苦地尝试每一个恰当而又可以稽考的名字的发音,用他自己的科学知识为这个三重态挑选了一个毫无意义的词。在他的《夸克与美洲豹》(*The Quark and the Jaguar*, 1994年)一书中,盖尔曼解释道:最初产生关于3个基础分量的想法时,他自己用的是"阔克"(kwork)这个音。盖尔曼的语音敏感性接着又受到乔伊斯《芬尼根彻夜祭》(*Finnegan's Wake*, 1939年)一书中的实验语言的激发。浏览此书时,盖尔曼困惑于"为检阅者马克,叫三声夸克"这个短句。由于有三重这个联系,"夸克(quark)"一词看来用于三重数学结构很合适。可对盖尔曼来说,发音很重要。就像这个短句所启示的那样,"夸克"能与"马克"同韵吗?《芬尼根彻夜祭》讲的是一个名叫埃里克(Humphrey Chimpden Earwicker)的小酒店老板的一个梦,在酒吧为了要饮料而叫喊是该书的基本主题。盖尔曼推测夸克含有"夸脱"的意思——"为检阅者马克,来三夸脱",因此用夸克的韵代替了他最初所用的"阔克"。然而,不管发什么音,对其他物理学家来说夸克这个名字比奇异数更难以接受。他们说,这种随随便便的术语会降低他们这个行当的严肃性,但为了有趣,盖尔曼坚持用了"夸克"这个名字。可是,这些年多数人把这个词的音发错了。对盖尔曼来说,它应该与"阔克"同韵,而不是"马克"。

盖尔曼的三种夸克中的一种带有类荷的量,即奇异数,这个量他在10年前就已引入了。它是"奇异夸克"。在平常的质子和中子里面发现

图7.2　夸克先生——盖尔曼在伦敦的一个小酒店，面前放的是他的《夸克与美洲豹》一书的打印稿[雅各布(Maurice Jacob)摄]。

的另两种夸克，就像难以区分的特威德尔德姆和特威德尔迪*一样，是极相似的一对。物理学家把它们分别叫做"上"和"下"。

　　表中有了夸克，捕获它们的反物质对应物反夸克的时机就成熟了。像质子和中子这样的重亚核粒子，它们似乎包含3个夸克而行事。质子含有2个上夸克和1个下夸克，中子含有1个上夸克和2个下夸克。反中子含有1个反上夸克和2个反下夸克，与中子很不相同。像π介子这样在平常核组成中不担任任何角色的轻粒子，看起来似乎是由一个夸克和一个反夸克复合而成的。在夸克的世界里，反粒子扮演

---

　　* Tweedledum 和 Tweedledee，是《爱丽丝镜中奇遇记》中的一对兄弟。——译者

着非常重要的角色。夸克和反夸克链接在一起能产生大量外来粒子；可这些粒子中没有一个是稳定的，因此在日常物质中它们不为人所知。

夸克的思想是吸引人的，可物理学家们最初并不愿意接受质子和中子实际上含有更小的粒子这种观点。他们说，夸克"结构"只是一种数学技巧。但在20世纪60年代末和70年代初的实验中确实发现了夸克存在的证据。这是60年前卢瑟福发现原子核的实验的翻版。就像卢瑟福曾观察到α粒子束流从深藏在原子内部的某个东西上反弹回来一样，新实验观察到它们无穷小的微小电子从深藏在质子里面的某个东西上反弹回来。和质子相比，夸克就像原子核与原子相比一样那么小！但是，与原子，（其中做轨道运动的电子与致密的原子核之间的大多数空间是空的）不同的是，像质子这样的亚核粒子中布满了夸克碎片，夸克—反夸克对不断地此起彼伏填满真空。在质子的内部深处，反粒子总是存在着的。

第八章

破缺的镜像

"我肯定能带给你快乐!"王后说,"每周两便士,每隔一天有果酱。"

爱丽丝忍不住大笑着说:"我不想让你雇佣我,我也不在乎果酱。"

王后说:"那是非常好的果酱。"

"无论如何,我今天不想要。"

"如果你真想要也得不到,"王后说,"规矩是这样的,明天和昨天有果酱,而今天是永远不会有果酱的。"

"必定有时会轮到今天有果酱的。"爱丽丝反驳说。

"不会的,"王后说,"每隔一天有果酱,可你要知道,今天不是隔天的那一天。"

"我不明白你的话,"爱丽丝说,"简直把人弄糊涂了!"

"这是往回过的效果,"王后温和地说,"最初总会使人感到有点儿莫名其妙——"

"往回过!"爱丽丝非常吃惊地打断她说,"我从没听说过这种事。"

"——可这样也有一个大好处,那就是人会在两个方向上有记忆。"

"可我认为我只有一种记忆方式，"爱丽丝强调说，"我不能在事情发生之前就记住它们。"

"只能记住过去的事，那这种记忆力是比较糟糕的。"王后评说道。

（摘自卡罗尔著的《爱丽丝镜中奇遇记》）

受人怂恿来到镜像世界的爱丽丝，她的经验还仅仅局限于壁炉这边她所熟悉的这个世界，这意味着她还没有为到镜像另一端的习性做好准备。因为费恩曼已经指出，反物质是"往过去的方向发生的"，正如白王后所描述的那样，因此自然可以把反物质看作是某种镜像世界，可是反物质的镜像是非常特殊的，它甚至可以使老练的爱丽丝也十分惊讶。

在普通镜像中，左看起来像右，而右看起来像左。右手螺旋反射成了左手螺旋。"手性"在人们头脑中就像引力一样根深蒂固。右总是与好或不错联系在一起（你没事吧？——are you all right?），而左（拉丁语中的"sinister"）却有坏的含义。称（技术）熟练的、有经验的人为"adroit"（即熟练的、灵便的），这个词来自法语"droit"，意思是"右"或"正确"；抑或也称为"dextrous"（即灵巧的），这个词来自希腊语"dexios"，意思为在右边。而称手脚不灵活的人为"gauche"（即笨拙的），这个词来自法语，是左边的意思。拉丁语中的形容词"sinister"有左手的意思，也有不走运和不祥的意思。在政界，18世纪的法国贵族集会时有个习惯，传统主义者坐在会议厅的右侧，而他们的对立派则坐在左侧，涵义为右翼和左翼。

由于要与引力的牵引相抗衡，生物在垂直方向上极不对称。根与花和脚与头看起来都极为不同。动物的前—后身也明显不对称，这是由于它们往往是向行进的方向看。可是,左和右之间的差别并没有什么日常影响,因而大多数生物至少表面看来是左右对称的,可再仔细看时却会发现其实并非如此。道奇森(Charles Lutwidge Dodgson),又名卡罗尔,是《爱丽丝漫游奇境记》和《爱丽丝镜中奇遇记》这两本书的作者,他比大多数人更不对称,他的一个肩膀和一只眼睛都比另一侧的略高一些。在身体内部更不易看到的地方,器官的排列并不是对称的。似乎是为了掩饰这种微妙的不平衡,人们选择不对称的发型,对服饰的细节如口袋和纽扣等,也带有一些左—右的偏好。一张风景画印错了,大多数人不会发现,而对于一张肖像画,通过我们仔细检查衣服的细节,通常能指出是否正反印颠倒了,即使不认识画上的人也能做到这一点。

自然的手性

表面看来人体是左右对称的,可有90%的人会更多地用某一只手。区分左和右看起来仅仅是像口袋和纽扣这样的属于日常习惯的事情。按右手螺旋装配的东西若改用左手螺旋装配也同样会让人满意。螺丝刀换成另一个方向拧也会一样好用。如果一种带"手性"的事物存在或同类过程发生,那事物的镜像也会存在或者该过程的镜像也可能发生。右可以被定义为"大多数人愿意用的手",可是更深入的研究揭示出,手性的思想在自然界中有更深的内涵。

立体化学这门科学研究的是构成复合分子的组成原子的排列。如果同样的原子以不同的方式结合在一起,那么所形成的分子虽然有相同的成分,却有并不相同的结构,而且这些结构并不互为镜像。这些不同的原子排列称为"立体异构体"。特别是在复合有机分子中会有这种情况。二氯甲烷$C_2H_2Cl_2$,就是一个简单的例子(见图8.1)。

$$\begin{array}{ccc} \text{Cl} & & \text{Cl} \\ & \diagdown & \diagup \\ & \text{C} = \text{C} \\ & \diagup & \diagdown \\ \text{H} & & \text{H} \end{array} \qquad \begin{array}{ccc} \text{Cl} & & \text{H} \\ & \diagdown & \diagup \\ & \text{C} = \text{C} \\ & \diagup & \diagdown \\ \text{H} & & \text{Cl} \end{array}$$

图8.1 二氯甲烷。二氯甲烷的原子可以按不同的方式排列。在镜子中从分子前面看时,左边的情形像它自己一样反射,而右边的看起来则上下颠倒了。

这种不对称性会使得两种镜像分子具有不同的性质。右旋糖(葡萄糖)具有右手螺旋的结构。酶只能消化右旋糖。一些天然的甜味素采用不能消化的左手螺旋分子,因此不产生热量。镇静药反应停(thalidomide)由于其分子中原子的左右定向不同而具有完全不同的性质,认识到这一点时已经相当晚了。在基本层次上,活性材料基元——大多数氨基酸具有左手螺旋结构。1953年,沃森(James Watson)和克里克(Francis Crick)发现了生物体的遗传物质DNA的"双螺旋"结构,生物材料与方向密切相关的另一信号正是来自这一著名的发现。DNA分子排列成像梯子那种结构的两串,并彼此缠绕在一起形成双螺旋。

直到20世纪50年代中期,物理学家仍旧以为镜像对称性在亚原子过程中起作用。如果被问到这个问题,物理学家会说大自然对亚原子的右手螺旋或左手螺旋乃是一视同仁的。可是,几乎没有人问过这个问题。电子是自旋粒子,狄拉克方程表明,这种自旋可以有两种指向,即向上(顺时针旋转或是右手螺旋)或向下(逆时针旋转或是左手螺旋)。一个顺时针旋转的电子在一个镜子中看起来就是逆时针旋转的电子。在自然界中这两种现象都存在,而且没有理由去假设一种电子的过程与它的镜像的行为不同。一个左手螺旋的电子"钟表",尽管看起来与右手螺旋的钟表不同,但它会走得同样快。

在量子物理学中,左右对称性的思想已被转化为守恒于一个类荷量的所谓的"宇称"(parity)定律,宇称不像电荷那样可以积累。有如一个上—下的开关一样,宇称只能取"奇"或"偶"两个值。物理学家们假定,若某个反应中的初态宇称为偶或者为奇,那终态宇称也同样为偶或者为奇。宇称的引进,不仅回避了不得已而想象与镜像进行的艰难的对抗演习,而且提供了一种有效的验算方法。

在20世纪50年代初期,在沃森和克里克向世人宣布令人吃惊的DNA的双螺旋的同时,物理学家们的注意力集中到了两个电中性且不稳定的新粒子上,他们称之为τ粒子和θ粒子。用物理学术语讲,τ粒子和θ粒子是"奇异"的,它们带有盖尔曼所说的额外的荷。他们以极不相同的方式衰变,而且具有偶的和奇的两种不同的宇称。每个人都在捕捉新粒子,多找到两个自然是受欢迎的。可是,从衰变产物往回推算,得出了τ粒子和θ粒子具有相同的质量的结论。在美国从事研究工作的两名年轻勤奋的中国学者杨振宁[Chen Ning("Frank")Yang]和李政道(Tsung-Dao Lee)认为,两个明显不同的粒子具有相同的质量是异乎寻常的。他们还猜测,尽管θ粒子和τ粒子带有不同的宇称,可在某种程度上它们可能是同一粒子的不同面貌。

杨、李二人是于1946年离开他们的出生地中国到芝加哥的。最初杨振宁和费米一起工作,当时李政道研究天体物理。从1951年至1953年,这两个人一起跟随在普林斯顿高等研究院的爱因斯坦深造。当李离开普林斯顿去纽约的哥伦比亚大学时,这两个人仍继续合作,为解决新粒子的问题而苦苦思索,并认为对θ—τ的绘景不能只看其表面意义。同一种粒子怎么会以两种不同的方式衰变呢?由于事实确实如此,李和杨只好抛弃一些基本假设。一旦为了挽救一艘行将沉没的船而要抛弃一些东西时,扔掉重东西是最为有效的。

关于量子的行为有两个显然可靠的基本假设:第一,量子行为不会因左右镜反射而发生根本的改变,即当左手螺旋粒子可能反射为右手螺旋粒子时,其他方面会以同样的方式和同样的比率发生;第二,能将粒子反射为反粒子的镜像不会改变粒子的行为,反过来也是如此,在该镜子中看时，反粒子会与粒子有同样的行为。李和杨重新考察了这两种镜像对称性的证据，而所有其他人却简单地假定这一点为无懈可击。李和杨大胆地向这些假设提出了挑战，指出对于粒子的衰变，这些假设从未被确确实实地证明过。

在纽约的哥伦比亚大学，中国女物理学家吴健雄(Chien-Shiung Wu)是研究β衰变的专家，β衰变就是一个组分中子衰变为一个质子的核过程。β衰变是卢瑟福于1898年发现的，这是放射性的一个例子，在这个过程中一种不稳定的核转变为另一种比较稳定的核。听从了李和杨的建议，吴健雄提出了一个新的实验，实验中要使用具有β放射性的一种钴。带电荷的钴核绕自身轴自旋，其行为就像是微小的磁铁。吴健雄的想法是，在一个强磁场中让这些磁铁排起队来，就像罗盘指针那样。为确保核罗盘不会偏离队列并一直被锁定在磁场中，只有将它们冷冻在液氦之中。因此这个实验具有内在的方向性，而思路就是要搞清楚这种方向性是否会影响所产生的电子。如果反射对称性是正确的而李和杨的怀疑是错误的，那么，在磁场方向，即衰变核的自旋方向上所喷射出的β衰变电子就应该与在相反方向喷射的同样多。准备这个实验所用的时间比实际做实验用的还要长些，1956年12月29日，李接到了吴打来的电话。电子确实不是均匀喷射出来的，而是在指向背离磁场的方向出来，磁场方向是把顺时针自旋的核排列起来的方向。1957年1月得出了结论性的证据，一旦磁场的方向反过来，从而使钴核按相反的方向排列时，所出现的电子也掉转了方向。β衰变的电子对方向是敏感的。

这可不只是一个微不足道的修正。在吴的实验中所观察到的令人瞠目结舌的40%的不对称性被忽视了半个世纪。所有人都假定β衰变的电子是均匀分布的，可从没有人不嫌麻烦地去验证一下。1957年1月15日，《纽约时报》的头版刊登了这样的标题："试验宣告物理学基本概念被推翻。"在亚原子尺度上,大自然并不是左右手都一样好使。宇称并不守恒。通过做物理实验,右与左是不同的。在爱丽丝的左右镜像中,β衰变的"烟"必定会顺烟囱向下落。就在当年,31岁的李政道和35岁的杨振宁荣获了诺贝尔物理学奖,他们的发现也成为物理学史上的一个里程碑。

李和杨还提出,粒子和反粒子镜像可能是有缺陷的。为了研究这种可能性,由纽约哥伦比亚大学的加温(Richard Garwin)、莱德曼(Leon Lederman)和温里克(Marcel Weinrich),以及由芝加哥大学的弗里德曼(Jerome Friedman)和泰莱格迪(Val Telegdi)做的两个实验,观察了粒子的多重转化,其中π介子衰变为μ子,μ子再接着衰变为电子。实验发现,μ子宁愿在某特定自旋方向上出现。对带正电荷的π介子,μ子的自旋指向背后,即指向与其运动的方向相反。带正电的π介子的反粒子是带负电的π介子,在这些衰变中,μ子以其自旋指向其运动的方向而出现。在把粒子变为反粒子的镜子中观察,反烟会顺烟囱而向下落。

这些破缺了的镜子动摇了物理学的根基。通常在实验中一向一丝不苟的物理学家们迷惑不解地发现,从他们身下抽掉了的已不是一把,而是两把舒适的知识的座椅。泡利写道:"现在第一次震动已经结束,我要重新找回自己……"

由于他们理解的基础受到了严重的损害,于是紧张的物理学家们就去寻找一种不会暴露量子缺陷的新镜像。泡利本人帮助找到了这个答案。对于亚核世界,爱丽丝的壁炉上面的那种普通镜子要换成另一种扩展了的镜子,这种镜子同时完成3种反射:把粒子变成反粒子且反之亦然;把左变成右且反之亦然;改变时间箭头的方向。物理学家把这3种反射分别称为C(对电荷而言)、P(对宇称而言)和T(对时间而言)。这种CPT镜子把爱丽丝变成在时间上往回走的一个镜像反爱丽丝。泡利说,亚核世界经这种"反物质镜子"反射后,看起来也应该一样。CPT

放射性会放出正电子而不是电子,反烟仍然会沿烟囱向上飘。*

K介子的奇异世界

τ—θ难题最终得以解决。τ粒子和θ粒子虽然以不同的方式衰变为带有相反宇称的粒子,但它们仍是同一种粒子。这种粒子被称为K介子,它是电中性的,带有一个单位的正的奇异荷。对应于K介子的反粒子也是电中性的,带有一个单位的负的奇异荷。τ—θ之谜虽然解决了,但却又为另一个难题所代替:一种粒子怎么会是精神分裂的呢,它怎么会有两种不同的行为并以不同的方式衰变呢?如果宇称不守恒,那么什么才是守恒的呢?

当一个高能宇宙线粒子打在大气层中的一个原子核上,或是来自加速器中的一束高能粒子束打到靶上时,就会形成K介子和它的反粒子。在这些反应中,与电荷一样,奇异数必定是守恒的,因此产生的K介子与反K介子同样多。可是,一旦进入亚核的舞台,奇异粒子就会感到不自在并极力融入背景之中去,只要它们一形成就会开始衰变,通过衰变为其他非奇异粒子而脱掉它们那不舒服的奇异服装。虽然在生成K介子的过程中奇异数是严格守恒的,可是接下来在K介子衰变时奇异数就被抛在一旁了。原来只能由相反的奇异数标签来加以区分的中性K介子及其反粒子,在去掉奇异数的竞赛中,看起来是相同的。中性K介子及其反粒子都以相同的方式衰变,因此不可能从产生的粒子来判断它是由K介子粒子衰变而来的或是由反粒子衰变而来的。那

* 把电荷共轭C、空间反映P和时间反演T这3种分立变换联合起来的变换叫做CPT变换。这虽然是个相当复杂的变换,但从现代物理学的基本原理可以导出CPT不变性。而且,这是一个非常普遍而又极其完美的对称性。即便对爱丽丝和烟作CPT变换,其结果也必定是爱丽丝仍旧是爱丽丝,烟仍旧是烟。这里提到的"反物质镜子"似乎指的是CPT不变性,这种提法不够准确。——译者

么,对中性的K介子束到底如何做标记呢?

大多数时候,中性K介子衰变为带偶宇称的2个粒子(π介子)。但它也可以衰变为带奇宇称的3个粒子。衰变为3个粒子比衰变为2个粒子更难,这是因为衰变的K介子必须费力地提供额外的质量。在任何状况下,生成3个产物都比生成2个消耗得更多。当后代比父母更显而易见时,用后代来标记一种粒子是合理的事。在讲阿拉伯语的世界里,孩子出生时用源于父名的名字是普遍的,用"ibn"这个词来荣耀父母,意思是"……的儿子"。可是,如果孩子变得很出色,父亲也可以选择改一个名字而以孩子为荣耀,加上"abu",意思是"……的父亲"。采用这个原则,中性K介子及其反粒子的自然混合的粒子束可被标记为两种粒子的混合物,一种注定容易衰变成2个粒子,而另一种在生成3个粒子女儿之前寿命要长100倍。物理学家将它们分别称之为短寿命中性K介子和长寿命中性K介子。

2π衰变和3π衰变有着深刻的含义。由于粒子—反粒子转换(C)以及左右对称性(P)失宠,如C和P对称性破坏在某种程度上能相互弥补,则泡利的CPT反物质镜会起作用,也就导致这样一个联合的CP镜——即同时进行左右转换和粒子—反粒子转换,能给出精确的反射。中性K介子的短寿命的品种和长寿命的品种在CP联合作用下具有不同的性质,分别为对称的和反对称的。2个π介子与3个π介子看起来极为不同。中性K介子是CP镜像的天然试验台。用中性K介子在CP联合作用下应用偶或奇来标记,比用偶宇称或奇宇称来标记更好。这种新的CP宇称守恒吗?

谜一般的K介子同时还带来更多的量子惊奇。如果只剩下中性K介子束,那么经过几米之后所有短寿命种类就都消失了,只留下显然是纯的长寿命的K介子束,接着衰变为3个π介子。可是,如果幸存下来的K介子束打到金属靶上面,一些K介子就被打散而重新组合,其夸克组分也会改变。原来不含短寿命品种的中性K介子束再次变成了短寿命品种的和长寿命品种的混合物。仿佛是由于魔力,衰变为2个π介子的短寿命K介子再次出现(图8.2)。这种"你既看到了,又没有"的把戏在物理学界被称为"再生"(regeneration),其实这根本就不是魔术,只不过是量子力学起作用的一个明显证明而已。没有其他方式能解释短寿命K介子寿终正寝之后的再现。正如费恩曼所说的:"它不是建立在完美的变戏法的咒语之上。我们已经使(量子力学的)叠加原理达到了它最终的逻辑结论。它是有效的。"

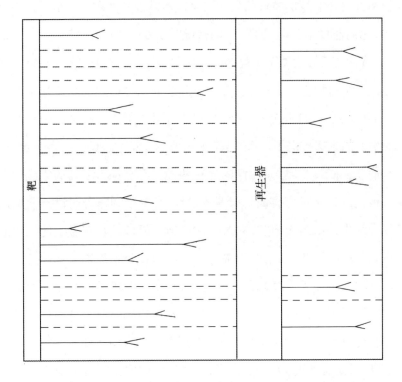

图8.2 中性K介子"再生"。在中性K介子束中,经过几米之后所有短寿命种类就都消失了,只留下显然是纯的长寿命的K介子束,它衰变为3个π介子。可是,如果幸存下来的K介子束打到金属靶上面,一些K介子就被打散而重新组合,其夸克组分也会改变。原来不含短寿命品种的中性K介子束再次变成了短寿命品种的和长寿命品种的混合物。

　　1963年，短寿命中性K介子的奇怪的再生吸引着在布鲁克黑文工作的克罗宁（James Cronin）和菲奇（Val Fitch）做更进一步的观察。他们在被称为"内蒙古"的地方安放了一个探测器，这是布鲁克黑文加速器环内一个难以到达的环形区域。由于到达这小块区域就意味着要爬过这个环，因而几乎没人到那儿去。蝴蝶晒着太阳，野生的兰花生长着。那年夏天，克罗宁和菲奇一次次短暂地打扰了蝴蝶。到10月份，他们完成了他们的全部测量并开始分析他们的数据。在K介子束远端集中了长寿命的K介子，没有再生材料来打散后重新组合夸克。他们期望只看到3-粒子衰变的特征信号。可是却有其他一些东西。由于担心受影响，他们假设这只是个打嗝，期待随着分析的深入该现象会自行消失。可到年底时，这种无法解释的效应仍旧存在，这时已到了该为1964年春天在华盛顿举行的一个重要会议准备论文的时候。由于还不能确定他们所观察到的是什么，克罗宁和菲奇只寄了一份态度不明朗的摘要。他们的论文被退了回来，这是由于他们无意中违反了一条规定，即所有摘要只能有一段，而他们的却有两段。在1964年4月的华盛顿会议上他们的论文没有露面。又是6个月，克罗宁和菲奇研讨他们难以解释的结果并力图掩饰它，同时一次次地反复试验。在做了他们所能想得到的所有事情之后，他们决定于7月10日公布结果。他们已经发现，大约在500个长寿命K介子中会有1个不衰变成3个π介子，而是选择衰变为2个π介子的方式。在李和杨指出简单的粒子——反粒子镜像和左右镜像不可靠后，物理学家们曾希望CP联合镜像会对他们有所帮助。可是，在幽灵般的中性K介子世界，这种CP镜像也是有缺陷的。

　　中性K介子和它的反粒子只能靠它们相反的奇异数标签来加以区分。问题在于，中性K介子一旦形成，它们对于曾用作它们之间区别标记的奇异数就不再敏感了。中性K介子是自然界中完全相同的双生子，出生伊始是可区分的，可那之后就会混淆。一个中性K介子一旦形成之后,就会忘记自己的奇异数,并乐于和它的反粒子混合在一起,反过来也是如此。当K介子最终衰变的时候,它们所反映的是它们被假定的奇异数而不是它们与生俱来的权利。

由于CP破坏(CP violation),中性K介子的衰变为确定正电荷提供了一种并非模棱两可的方法。只通过一个硬币的自旋并不能确定在哪种是正电荷、哪种是负电荷之间的选择,中性K介子虽然古怪,但它确实可以指出电荷硬币朝什么方向落下。CP破坏还可以预先确定什么是物质,什么是反物质。在会见遥远星系的来客(visitor)之前,重要的是要搞清楚:来客是由物质构成的,抑或是一位反来客(antivisitor)。由于与由反物质构成的人握手会双双湮灭掉,所以一个明智的防范措施就是,邀请客人先与一个中性K介子做CP破坏的实验并传送结果,而后再决定是否能与来客会晤。

如果CPT反物质镜像*始终是精确的,那么时间镜像就会和CP镜像一样必定是破缺的。中性K介子在某种程度上就会对微观世界中的单一方向的时间箭头敏感。接着应该做实验比较K介子与生俱来的奇异数和它们衰变时所显示的奇异数,追踪一下中性K介子是如何转变成它们的反粒子以及逆过程的情况。把K介子转变成反K介子的比率和反K介子转变成K介子的比率进行比较,显示出时间镜像是不对称的,并以此方式来弥补CP对称性的破坏。这两种效应抵消掉,就确保了CPT的统治地位。

在日常情况下,时间箭头具有明显的方向性。当电影胶片反过来放映时很容易见到,跳水员对引力满不在乎,四溅的水花被代之以平静的池水,碎片还原成了完整的物体。在更长一些的时间反演标度上,返老还童,起死回生。生活成了与无序进行的持续战斗,许多事情都不对

---

* 将CPT不变性简单地说成是"反物质镜像"是很不准确的。——译者

头或是错乱了。在宇宙的尺度上,在大爆炸的余波中星系不断地飞离——宇宙在逐渐变大。此处,掉转时间箭头也将产生完全陌生的图景。而在基本理论中,时间仅仅是另一种变量而已。单独一个氢原子不会耗损。原子的影片反过来放映时看不出任何不寻常的东西。

对于一个粒子状态的结果,就应该考虑到所有可能的结果,即使这些结果是在未来出现也要考虑。在这方面,费恩曼引入了反粒子就是在时间上往回走的粒子这种思想。费恩曼坚持认为,无论时间箭头指向何方,他的方程都同样有效——以此他完成了他的时间之旅。不论会推翻其他什么东西,在亚原子尺度上时间镜像显然是基本的、不可破坏的。可是,在大自然的录像机(VCR)中反着播放中性K介子相互作用的"录像带"时,在1000次中总有几次的确不会回到它的出发点。中性K介子在时间通道中放置了一个阀门,从而使得一些事件只能在某一个方向上发生。中性K介子是由夸克组成的,而且新的结果表明,这些夸克的排列会随着时间流逝而以某种在时间上是不可逆的方式成长。中性K介子中的夸克"会显示它们的年龄"。

在古怪的中性K介子世界与时间箭头的方向之间的这种模糊的联系,仅仅是一个巧合还是代表了更深层的什么东西呢?克罗宁和菲奇要等到他们发现CP破坏16年之后的1980年才能获得诺贝尔奖,但在其他方面,他们的结果的内涵却是立即就引起了人们的注意。

人类的良知

1965年,天才的苏联科学家萨哈罗夫(Andrei Sakharov)已把他的注意力转向宇宙学,去理解宇宙的起源,以及为什么宇宙会像它现在这么复杂。萨哈罗夫抓住了CP镜像不对称的新结果,它是在所能想象的最小尺度上的物质与反物质行为之间所能想象的最细微的差别之一,而且他把它理智地放大到为宇宙学中最大的问题提出了一种解释,来理解为什么宇宙显然只含有物质而没有反物质。萨哈罗夫说,也许是中性K介子古怪的性质掌握了开启宇宙的钥匙。

萨哈罗夫的父亲是一部有名的俄国物理学教材的作者。年轻的萨哈罗夫在家中接受教育,可是他在莫斯科大学的学业却因第二次世界大战而中断,他成了伏尔加河旁乌里扬诺夫斯克军工厂的一名工程师。在那儿他第一次经历了物理学的艰辛。1945年,萨哈罗夫在莫斯科苏联科学院的列别捷夫(Lebedev)研究所恢复了他的科学研究,并给

图8.3 改革的殉难者萨哈罗夫。他最先领悟到由物质构成的宇宙,可能是从最初的一个物质—反物质对称的宇宙进化而来的CERN提供。

颇有影响的塔姆(Igor Tamm)留下了深刻的印象。塔姆和弗兰克(Ilya Frank)后来与切连科夫一起分享了1958年的诺贝尔物理学奖,可是在20世纪40年代末期,塔姆正忙于苏联的核武器项目。在塔姆麾下,萨哈罗夫在建造苏联的氢弹的竞赛中担任了至关重要的角色。苏联的第一颗氢弹是在1953年爆炸的,离美国第一颗氢弹爆炸的1952年不到一年,尽管这项工作的开始时间要晚得多。萨哈罗夫获得了各种荣誉:社会主义劳动英雄、斯大林(Stalin)奖和列宁(Lenin)奖,还在32岁时就入选颇有声望的苏联科学院,属于获得此项荣誉的最年轻的人。

后来,萨哈罗夫曾回忆起在制造氢弹的那些岁月中难以忍受的保密法规。所有的笔记和计算都必须在编了页码的特定本子上进行。为了保证安全,在每天结束工作时都要把仍使用的笔记本锁起来,当不再需要该笔记本时,就要烧掉它并记录下销毁经过。一本这样编了号的笔记本从秘密的氢弹小组送到附近的应用数学研究所,要求做一项计算。当计算完成并把结果送回氢弹小组后,一个秘书及时地烧掉了最初要求计算的条子,可是忘了记载销毁的事。过了一些时候,发现了笔记本的显然没毁掉的一页,部门的安全负责人曾试图勇敢地遮盖有关这次销毁笔记的一切事情,可他受到了一次不祥的最高层会见。这种会见极少意味着晋升。氢弹小组的那位安全负责人在和家人一起度过了一个普通周末之后,在接下来的星期一上午很早就来到办公室并开枪自杀了。他的一个助手在监狱中被关了一年多。可不管怎样,萨哈罗夫仍很顺利,而且他很高兴能为他的祖国效力。完成了氢弹工作之后,他把注意力转向热核能的控制上,还帮助想出了用一种像汽车轮胎形状的磁"瓶"来盛热核燃料的创意,这一发明后来成了世界上尽人皆知的托卡马克装置。

在为苏联原子武器和原子能竭力履行了其义务之后,萨哈罗夫开始为军备竞赛感到忧虑,并对苏联政府于1963年签署"部分禁止核试验条约"施加了相当的影响。此时,萨哈罗夫感到他应该投入到令人兴奋的物理学思索之中去。大爆炸创生的宇宙中应该产生同等数量的物质和反物质,可是现在看来似乎只包含物质,菲奇和克罗宁得出的结果激发了萨哈罗夫对这一难题的兴趣。所有原始的反物质到哪里去了呢?同样使萨哈罗夫感到困惑的是,在宇宙中为什么会有比物质多得多的辐射?宇宙中"平均"1立方米只含有1个质子,但却含有10亿个辐射量子。

直到1924年,爱因斯坦的广义相对论方程还没得到满意的解。当时,苏联数学家亚历山大·弗里德曼(Alexander Friedmann)说明了该方程如何预言了一个不断膨胀的宇宙。如果宇宙正在膨胀,那它就不会是永远地膨胀下去。过去的某个时候必定始于一个小火花,它点燃了原始的爆炸——大爆炸。在这次大爆炸的火热的后果中生成了亚核粒子,由极强能量的辐射生成了各种粒子—反粒子对。在宇宙冷却下来的过程中,能形成的粒子—反粒子对越来越少,同时那些已经形成的粒子——反粒子对因互相湮灭而产生许多辐射。在这种简单的绘景中,任何阶段宇宙中的反粒子都应该与粒子同样多。

萨哈罗夫以怀疑的眼光审视了宇宙中平均1立方米的组分。其中有10亿个辐射量子,1个质子,而没有反质子。追溯到大爆炸后的初始之时,同样1立方米中应该有10亿个辐射量子,10亿个反质子,以及10亿零1个质子。萨哈罗夫不能接受这些数字。为什么质子会单多出1个来呢?反物质到哪里去了呢?萨哈罗夫认识到,从原则上讲,遥远的星系可以由反物质组成,可他知道在来自太空深处的宇宙线粒子使者中还没有找到严格的反物质。更为重要的是,他不明白反物质与物质怎么会有如此反差。在萨哈罗夫看来,反物质已经从宇宙地图上不辞而别,他想知道这是为什么。

鉴于反物质已经灭绝,萨哈罗夫提出了一个三点论的解释。首先,大爆炸在某段时间必定有过相当大的变动,使得粒子—反粒子的生成短暂地失控,产生的"对"多于重新吸收形成的辐射。宇宙学家现在知道这种情况必定发生过,目前的宇宙远远大于始于大爆炸火花的光线球。在过去的某个时候,宇宙的膨胀必定超过了光自身。宇宙的大部分我们尚未见到,尽管它的光是以30万千米每秒的速度穿越了大约100亿年或宇宙存在的那么长时间,但还没来得及到达我们这儿。宇宙不仅很大,而且在星系之间的外层空间的深处并不均匀。宇宙远处的部分比能与大爆炸光线联系起来的更为分散,怎么"知道"它们必须看起来相同呢?大爆炸后1秒钟的第一个瞬间,宇宙"恶性膨胀"的速度必定超过光速;而且,粒子—反粒子对的产生要比它们被重新吸收的速度快。

其次,萨哈罗夫认识到,一些机制必定在有利于物质的方面倾斜了平衡。基于克罗宁和菲奇的发现及其时间箭头的含义,萨哈罗夫认为他已经找到了答案。然而,1964年首先在布鲁克黑文实验室发现的这种微小的亚核效应是否足以解释在整个宇宙中反物质的明显缺失呢?物理学家们认为,这可能不够。但其他夸克也许可以来救援。比奇异数更奇异的更重的夸克可以显示更大的效应。制造包含"美"(即beauty,有时也称为"底",即bottom)夸克的B粒子,让足够多的B粒子来探测时间箭头,已成为当今粒子物理学研究的一个主要焦点。

萨哈罗夫对物质占统治地位的宇宙的最后一个假设,也许是最难以消化理解的。他说,宇宙的基本构成粒子——质子本身——必定有一点点不稳定。静静地呆着的由夸克组成的质子将不得不分裂成电子和其他轻粒子。怎么会是这样呢?现存的由核子组成的宇宙与这一观点很不相符。可是萨哈罗夫指出,所需要的质子不稳定性的程度小到几乎检测不到。他所搜寻的质子的不稳定性表明,如果把跨越整个宇宙史150亿年中衰变的所有质子的总和与宇宙的其余部分作比较,就相当于用1/4毫米大的碎屑同土星的一个卫星相比!可是实验却正致力于搜索这种效应,其计划是:如果对足够多的质子观察足够长的时间,那就会确定其中一个质子会明显地衰变,并留下亚原子的特征指纹。

就在萨哈罗夫继续研究他这些想法的时候,他的良心受到了扰乱。20世纪60年代中期,他对苏联体制中的腐败和权力越来越不满。他指出,克里姆林宫的片面决策导致了技术的倒退,并引起了广泛的污染和环境的破坏。保密检查和官样文章跟酗酒者一样,到处都是。萨哈罗夫作为积极分子开始参加看起来无畏甚至几乎是莽撞的运动,并于1974年发动了4次重大绝食中的第一次,以强调他有关苏联人权的要旨。在他的1975年度诺贝尔和平奖的获奖证书上,他被称道为"人类良知的发言人"。可是,由于没有获得出境签证,他没能前往奥斯陆领奖。由于谴责苏联入侵阿富汗,他于1979年被流放到高尔基市,在那儿他进一步地发动了一系列大规模的绝食。在1986年,随着改革的到来,他以新运动的首脑和民众斗士的形象出现,成了不屈不挠的人类精神的活榜样。然而,连年的绝食和不良的治疗已使他的健康受到严重损害。1989年12月14日,这位改革的圣徒和殉难者离开了人世。他的遗产是最智慧且富于挑战性的物理学理论之一,沿一些亚核粒子在时间镜像中的方向所反映出的微小的不对称性,有可能解释宇宙为什么会是它现在这个样子。这些小小的不对称性可能提供了一个显微镜窥孔,透过它传达着最初由等量物质和反物质构成的整个宇宙转变为完全由物质所构成的[这种信息]。

如果这确是宇宙的一把钥匙,这些不对称性也非常难以测量,因此要制造适合这把锁的足够精确的钥匙是非常难的。在新千年的黎明,新物理机器要开始大批地生产B粒子了,它含有比K介子中的夸克更重的夸克。对CP破坏进行新的测量,可能揭示出时间镜像的更大的不对称性,并提供一把变得更简单的钥匙。

第九章

宇宙的塞钻

1956年9月,一位戴着眼镜、时年30岁的巴基斯坦物理学家从西雅图物理学会议返回英国剑桥。萨拉姆(Abdus Salam)没乘普通航班,而是乘坐飞往英国空军基地的美国空军的飞机。在那段时间里,美国军方乃是科学的主要资助者。作为对战后研究过分扶助的一种沿袭,美国空军慷慨地支持欧洲各大学的科学研究。额外的优待之一就是,在欧洲工作的物理学家可以免费乘坐军事航空运输飞机——MATS(Military Air Transport Service)作穿越大西洋的旅行,这种飞机是供美国军人及其家属乘坐的。

虽然欧洲科学家对有这样的机会感到高兴,但这种飞机却非常不方便,也很不舒适。登记就意味着要向美国空军基地报告,而英国那边的终点在萨福克郡的米尔登霍尔,无论从哪儿去都很远。取代买票的,是在旅行的各个阶段得不断地提交多种"飞行单"。飞机是用螺旋桨推进的,非常慢,从米尔登霍尔到新泽西州的麦圭尔空军基地要用大约15个小时。飞行时不放映影片,而且飞机上通常是满载着带小孩的家眷。由于要回家或是要到一个新国家,孩子们吵吵嚷嚷,兴奋不已。通宵的由西向东的旅行特别令人不舒服。

在西雅图物理学会议上,萨拉姆听到了杨振宁解释他和李政道对亚核镜像对称性可能是破缺的这种怀疑。能证明这一观点的历史性的实验那时还没开始，但乐于接受新思想的萨拉姆却准备相信李和杨的提议。在美国空军飞机于漫漫长夜中缓缓东进的时候，萨拉姆却在寻思：对于核衰变，究竟能有什么特别的东西使得它对镜像敏感呢?

被偷窃的能量

在20世纪最初的几年里，物理学家们发现核衰变有3种不同的方式，用术语讲就是α放射现象、β放射现象和γ放射现象，很自然，这取决于其衰变产物。α放射现象产生氦核，即α粒子；β衰变产生电子；γ放射现象只产生辐射。(1939年，一种新的衰变形式，即核裂变，必须补充到这张单子中。)

在宇称事件之前的30年，研究核β衰变的实验已走到了令人困惑的死胡同中。在这些衰变中所出现的物质的量少于最初的核的能量。而且，最初原子核的个体旋转(即自旋)与所出现的粒子的自旋不匹配。如果旋转的核分裂开来，那么碎片的各自自旋被期望加起来等于母核的自旋。要么是衰变中出现了某种看不见的东西，要么就是物质和自旋因某种精细特性而干脆消失了。物理学家极不情愿放弃能量守恒这个金科玉律。能量守恒定律是说，在所有物理过程中，投入的能量与产出的能量必须精确地相等。可有一段时间，新的量子思想对许多珍贵的原理提出了挑战，原子的电子轨道的缔造者玻尔曾在公开场合说，准备在量子尺度上与严格的能量账目再见。玻尔提出，在量子世界中，也许能量会不翼而飞。

在亚核物理学中，能量曾被当作是一种硬通货。这些储备金只是蒸发了吗? 1931年，很少对非常规观点感到困惑的泡利有些犹豫地提出了一种解决这种能量危机的方法，称之为"绝望的补救"。在加利福尼亚帕萨迪纳的一次会议上泡利提出，β衰变在放出一个电子的同时还产生了另一个粒子，它能带走能量却不能被探测到。这个不可见粒子自身没有质量，只是由于运动而带有动能。和电子一样它也自旋。他说，"看到"这些粒子的惟一办法就是把衰变所产生的东西与最初有的东西进行比较。即使是聪明勇敢的泡利对这种牵强的提议也感到有些拿不准，而且这次讲话他也没提交任何书面材料，可他的评论却被《纽约时报》那一向灵敏的科学触角捕捉到了。

尽管这是泡利第一次在公开场合说出他的观点，可在此之前他也提起过。1930年12月泡利受邀到德国蒂宾根参加放射性方面的会议，可他宁肯留在苏黎世参加一个圣诞节前夜的舞会。1929年12月，他和一个名叫德普恩（Käthe Deppne）的舞蹈演员结了婚，可这次婚姻从一开始就有隐患，这个舞蹈演员更愿意让一个名叫戈德芬格（Paul Goldfinger）的化学家而不是泡利陪伴她。1930年11月他们离了婚，当时泡利写道："如果她选择一个斗牛士我倒可以理解，可却只是一个普通的化学家……"

当时泡利正过着散漫的生活，且因为忧虑而去跳舞。在为不能参加物理学会议而写的道歉信中，他曾向在蒂宾根开会的"亲爱的放射性的女士们和先生们"提议，也许可以借助一种带有自旋和能量的看不见的粒子来解决β衰变这一难题。泡利把他提出的这些鬼粒子（ghost particles）叫做中子，在好几年的时间里，在这些不可见的轻的泡利中子和由卢瑟福作为核的组分而提出的一种电中性的粒子之间常发生混淆。1932年在剑桥发现新核子时，自然是首先采用了中子这个名字，而另一个的名字则只好称为泡利的假想粒子。罗马的费米接受了这个挑战，他把泡利的粒子称为"中微子"（neutrino），它在意大利语中的意思是"一个很小的中性粒子"。

中微子的作用是带走能量且不能被看见，即是个亚核能量的窃贼。为了保持不可见,它必定要避免它的路径上的其他粒子发现它。可即使是乔装打扮的窃贼也仍然是冒险的。中微子不可见的极限是什么呢?1934年,德国的贝特和派尔斯(Rudolf Peierls)算出,单个中微子在被原子核吸收之前可以穿过一个想象的几乎如星际般大小的海洋。认真思考了他们的这个可怕的结果后,贝特和派尔斯得出结论:除非用亚核能量算账,否则中微子是不可探测的。把开始时所有的东西加起来,再把结束时所有的东西加起来,所得的任何不能解释的差别都应归结为中微子的抢劫。中微子仿佛是个亚核罗宾汉(Subnuclear Robin Hood),它毫无畏惧地对亚核财富进行了再分配。在几年之内,贝特和派尔斯离开德国开始了新的生涯,贝特在美国,派尔斯在英国。这两个人都将与核能的发展与利用密切相连,可是在1934年,贝特和派尔斯不知道核能有前途,而且不知道有一天会建造核反应堆。他们当然也不会想到这些反应堆会产生巨大的中微子流。

当贝特和派尔斯算出中微子将必须穿过相当于星际海洋(1000光年的水)那么远的距离才能被捕捉到时,他们指的是只有如此巨大的障碍物才会使得中微子有被吸收的较大机会。另一方面,如果这个水池比地球的尺度小许多,那捕捉到中微子的概率就会大大降低。如果地球上只有两个居民,他们在任意时候彼此相见的概率将会非常小。如果有100亿居民,那么不见到任何人的概率就变得小了。在水池中,对于中微子,10^{18} 次机会中才有1次捕捉到它的机会,这是微不足道的。可是,如果能获得很多中微子,能吸收到一些中微子的机会就不再是微不足道的了。

看到不可见的东西

1945年,一个强大而未曾料到的新中微子源突然出现在舞台上。

裂变原子弹放出了比曾在地球上遇到的多得多的泡利鬼粒子。可这并不是制造原子弹的原因。洛斯阿拉莫斯实验室是在第二次世界大战期间由美国军方在很短的时间里建造的，目的是研制大规模毁灭性武器。随着1945年带来灾难的这个任务的完成，包括贝特和派尔斯在内的许多洛斯阿拉莫斯的科学家们都返回他们所在的大学，而洛斯阿拉莫斯研制武器的项目仍继续实施。洛斯阿拉莫斯的研究者们在完成了他们的严酷任务的偶尔喘息之时，得到赞助去思考其他物理学问题。1951年，两名年轻的研究者莱因斯（Fred Reines）和考恩（Clyde Cowan）正在寻求这种智力方面的消遣。他们想，也许原子弹爆炸放出的足够多的中微子会使其中的少数变得可见。他俩开始设计一个探测器，使之能在原子弹爆炸近旁存下来并仍能足够灵敏地记录微弱的中微子撞击。最初他们计划把探测器放在一个真空室里，来防御原子弹的振动波。可这样做证明太困难了。这种实验只能持续几分之一秒。如果任何东西出了问题，实验都只能等到下一颗原子弹爆炸。莱因斯和考恩把注意力转移到把探测器放在一个核反应堆里。反应堆放出中微子比原子弹爆炸时放出中微子要慢得多，但在另一方面，探测器只要放在那儿等着……也许反应堆的一个中微子会偶然地打到探测器中的一个质子上，生成一个中子和一个正电子。这种反电子会在仪器中马上湮灭，放出能记录下来的闪光。

1953年，莱因斯和考恩放在华盛顿汉福德反应堆的原型300升中微子靶样板显示出了一个微弱的信号。可是计数率太微小了。没有足够的反应堆中微子来放大这个微小的碰撞机会从而给出可靠的信号。为了确定他们的主张，莱因斯和考恩转移到南卡罗来纳萨凡纳河一个更大的反应堆，并使用中微子通量为原来5倍的靶。在100多天里，他们每小时记录了3个中微子计数。因知道反应堆产生的中微子有多少被探测出了，该记数率与贝特和派尔斯20年前所做的计算是一致的。

由于莱因斯和考恩的机智与耐心，再加上反应堆产生的大量中微子，证明了泡利预言的中微子是真正存在的。可它不再是不可见的了。1956年6月14日，美国物理学家们致电在苏黎世的泡利："我们高兴地向您报告我们已确实探测到了中微子。"证实泡利的预言用了25年时间，而莱因斯却等到40年之后才应召到斯德哥尔摩领取1995年的诺贝尔奖。不幸的是考恩早在1974年就去世了。

左手螺旋的粒子

在1956年9月那个空中飞行的夜晚，与镜像对称性破缺的想法一样，新发现的中微子也使萨拉姆心事重重。他回忆说："我难以入睡，我不停地思考为什么大自然会破坏左右对称性呢？……现在大多数相互作用的特点是要涉及泡利中微子的放射现象。在横穿大西洋时，我又想起了几年前派尔斯在一次考试时曾问过我的一个关于中微子的极有洞察力的问题——'为什么中微子的质量为零？'"

1949年，萨拉姆作为一名年轻的研究生来到剑桥，当时他对费恩曼和施温格尔的新量子电动力学思想知之甚少。他以极短的时间吸收了这些思想，又把它们继续应用到其他的粒子上。萨拉姆发表了几篇他署名的里程碑性的物理学论文后，于1951年回到巴基斯坦，在25岁时就成为拉合尔的旁遮普大学的教授。虽然他的新职位在国内很有威望，但萨拉姆发现他本人已经与现代研究的新闻、兴奋以及不断的刺激切断了联系，而且这里也没有现代的图书馆。他认识到这种兴奋乃是他的命根子，便在1954年离开祖国回到剑桥，这次他做的是一名大学讲师。

和费恩曼一样，萨拉姆很有洞察力，这使得他能够紧紧抓住最难对付的问题。因此，当派尔斯问萨拉姆为什么中微子的质量为零时，他就明白派尔斯不是在考他，而是开玩笑地问了一个甚至包括派尔斯在内都没人知道答案的问题。可就在那个在飞机上度过的不舒服的夜晚，答案找到了。在狭窄的座位上，萨拉姆写下了最初的中微子方程。它看起来有些像狄拉克的电子方程，后者给出了自旋指向上或是指向下的粒子和反粒子，可萨拉姆方程却与4维狄拉克矩阵有不同的排列。想起派尔斯关于中微子没有质量的问题，萨拉姆从方程中去掉了质量项。他马上发现矩阵的作用就像是一个旋转开关——中微子只能以一种方式自旋而不会是另一种。萨拉姆认识到，一个零质量的中微子可能是一个很小的塞钻，能以光速笔直地穿过空间。以这种速度运动，没有其他粒子能超过它，因此就没有其他的有利地点能观看中微子的自旋。看起来它会一直指向同一个方向。像狄拉克方程提供了一个电子的解和一个正电子的解一样，萨拉姆的方程给出了一个中微子和一个反中微子。它们在彼此相反的方向上自旋，一个顺时针，另一个逆时针。惟一令人感到迷惑的是，中微子和反中微子究竟是向什么方向自旋的，是中微子沿顺时针方向、反中微子沿逆时针方向自旋，还是正好反过来呢？这种方程用两种方式中的哪一种写都可以。不论答案如何，对那个夜晚的萨拉姆都是无所谓的。常规的右手螺旋塞钻在镜子中反射时看上去就是左手螺旋的，因此在镜子中反射的中微子就不再像个中微子。它看上去会像个反中微子。萨拉姆认识到，泡利的鬼粒子——中微子——就是打破放射性衰变镜子的罪犯。

第二天早晨，欢欣鼓舞的萨拉姆飞快地下了飞机，以他能达到的最快的速度冲到他在剑桥的小办公室。在那里他查阅了一些书，并用他的新理论算出了一些结果。看来所有东西都可用这些方法解决。更加得意的他跳上一列开往伯明翰的火车——派尔斯就住在那儿，去向这位著名的物理学家报告。现在，他有了几年前就提出的那个开玩笑的问题的答案。派尔斯在他家门前的石阶上惊奇地发现了萨拉姆并听完了萨拉姆非讲不可的话。派尔斯的回答柔中有刚:"我根本不相信左右对称性是破缺的。"当吴健雄女士还在哥伦比亚大学筹备她的意义重大的实验时,萨拉姆已过早地去敲派尔斯的门了。可年轻的萨拉姆非常坚定,而且他把他的中微子论文交给了一位要去苏黎世拜访中微子之父泡利的物理学家。不久就有了回音:"问候我的朋友萨拉姆,告诉他去想出一些更好的东西来。"

这等于宣布无效,萨拉姆在把中微子没有质量的想法送去发表之前犹豫不决。4个月后的1957年1月24日,泡利又给萨拉姆写了一封信。吴健雄的钴衰变中左右不对称的结果已经发表了,泡利改变了看法,萨拉姆的观点已被证明是正确的。同时,美国的李政道和杨振宁以及苏联的朗道(Lev Landau)都得到了有关中微子及其镜像反射的类似结论。不过,泡利还有些保留意见:"有一段时间,我从某种怀疑论的角度审视了这个特殊的模型,因为在我看来,似乎中微子这个特殊的角色被强调得有些过分。"

可是,物理学家还必须搞清楚中微子和反中微子指向何方。中微子没有质量这一理论就仿佛爱丽丝刚从梦中醒来一样,她没法说出她是在镜像世界中还是回到了火炉的"右"边。这个理论只能表明:中微子和反中微子在相反的方向上以光速像塞钻那样穿过空间。只要一个实验就能确定塞钻旋转的方向——是中微子向左,反中微子向右,还是反过来呢?中微子被完全探测到的这个事实是实验的一次胜利,这使许多物理学家感到惊讶。做另一个实验来确定中微子塞钻的方向是个严峻的挑战。

戈德哈贝尔(Maurice Goldhaber)已经在耶路撒冷的希伯来大学开始了他的物理学研究。20世纪30年代搬到柏林之后不久,他又收拾行李去剑桥,在那儿他在卢瑟福指导下完成了中子的先驱性实验。1938年,他又迁徙到美国。得知中微子的发现及其自旋的困境后,他做了一个非常精巧的实验,在实验中一个原子核吸收一个电子,核内的一个质子转变成一个中子并发射一个中微子。中微子自旋着飞走了,剩下的核就应该向后弹,但其自旋方式应与中微子的相同。经过反复细致的测量后,他们宣布了实验结果,向后弹的核是左手螺旋的,因此中微子也是左手螺旋的。而中微子的伙伴反中微子是右手螺旋的。戈德哈贝尔观察的是如下的过程:

$$电子+质子\rightarrow中子+中微子$$

把这个反应移动一下,把一个粒子从时间箭头的一侧移到另一侧,就成为一个反粒子:

$$反中微子+质子\rightarrow中子+正电子$$

这就是莱因斯和考恩1956年在萨凡纳河所探测到的那个反应。实际上,来自这个反应堆的粒子流就是反中微子。对于中微子而言,反粒子是在发现这种粒子之前发现的!

理论和悲剧

用左手螺旋螺钉做的机器会与用右手螺旋螺钉所做的一样好。之所以常用右手螺旋的,只不过是按顺时针方向拧紧、逆时针方向松开比较习惯而已。可是,自然界给我们提供的却只是左手螺旋的中微子。如果我们抱怨,并要求右手螺旋的,那我们就必须借助另一套部件,即反物质。可是这套部件必须要小心地单独保存。在一种物质机器中偶然地引入一种反物质螺钉会带来灾难性的后果!

中微子不带电荷而且几乎是不可见的,它是一种非常难对付的粒子,尽管它能以光速闪耀着通过物质,却几年也做不了什么事。中微子和反中微子之间的差别甚至更难以捉摸,这是因为它几乎什么也不做。它的自旋计数是顺时针还是逆时针呢?

1936年，一个非常腼腆的年轻意大利物理学家马约拉纳（Ettore Majorana）有了关于中微子思想的一种可替换版本。马约拉纳曾在罗马与费米一起工作，后来又去了哥本哈根与玻尔一起工作，继而在莱比锡与海森伯在一起。回到意大利后，他必须在大学找一份稳定的工作。在意大利，按惯例这要经过公开竞争。可这一次，他充分发挥了他的聪明才智，写了一篇题为"电子和正电子的对称理论"的论文，该理论要求伴随一种是自身的反粒子的中性粒子。马约拉纳提出，中微子和反中微子是同一种粒子，却有两种自旋的可能性：顺时针的或逆时针的。如果确实如此，那么中微子就得有质量，而且因此它能被以光速行进的"镜像"追上。在这种镜像中，中微子看起来会是以另一种方式自旋。其他电中性的粒子，主要有中性π介子，是其自身的反粒子。为什么中微子不会如此呢？

该理论使这个31岁的物理学家于1937年成了那不勒斯的雷贾大学的理论物理学教授。研究工作需要刺激，可是在那不勒斯，马约拉纳没人可以交谈。这虽然是他第一次必须讲课，要对学生们讲话，但这并非他所寻求的那种交流。相反，他发现这很困难。他长时间地呆在办公室里，当他出现时也不会在走廊中间散步，而总是靠着墙边走。1938年3月25日，这位苦恼的物理学家给他所在系的负责人发了一份电报："我已做了一个不可避免的决定。这里没有丝毫的私心，只是想到我的不辞而别会给您和学生们带来麻烦……也请我所认识和欣赏的那些人能记得我，我也会对他们保留美好的回忆，至少到今晚11点，也许更晚。"

西西里人马约拉纳登上了那不勒斯至巴勒莫的渡船。第二天早晨，他在巴勒莫通过海底电缆给他的大学又发了一份电报："我希望您已经收到这份电报。大海已经拒绝了我，我将回到那不勒斯……我还是想放弃教学。"第二天渡船回到了那不勒斯，可是马约拉纳没在船上。尽管进行了大规模的搜寻,可从此再也没有见过或是听到他的情况。显然,马约拉纳已经决定投水自杀,只是在第一次行程中他没能鼓起勇气。

他的消失对意大利物理学是一个沉重的打击。不久,另一个打击又来了。同一年,费米荣获了诺贝尔物理学奖,他的家庭中部分成员是犹太人。到斯德哥尔摩领奖后,费米没再回意大利,而是去了美国,并且一直留在那儿继续他的科学生涯。1954年他死于癌症,享年53岁。

马约拉纳的纪念碑就是他的思想,即中微子和反中微子就是同一种粒子,物理学家称之为"马约拉纳粒子"。这是个严峻的考验。如果这个假说是正确的,两个核的β衰变过程就会背靠背地耦合,并产生"没有中微子的双β衰变",其中核电荷有两个单位的变化(而不是普通β衰变中的一个电荷),却不发射中微子——第一次β衰变产生的中微子催化了第二次β衰变。这个过程将会相当难以探测,可物理学家却一直在耐心地寻找,而且仍有新的研究工作正在准备着。虽然马约拉纳可能已去世40多年,但他富有想象力的思想却继续活着。

不久,大胆的新思想提出来了:萨拉姆等人曾预言根本没有质量的中微子实际上可能有很小的质量,它占电子质量的比例就等于电子质量占原子质量的比例那么大。已经有了一些证据,可是要确认这种思想还需要花几年的时间由大型实验来提供数据。中微子是不会轻易泄露它们的秘密的。不论结果如何,萨拉姆的没有质量的中微子至少是接近真实情况的一个很好的近似。

就在系统阐述这一理论之后,31岁的萨拉姆成为伦敦富有名望的帝国科学技术学院的理论物理学教授,此时他处于与马约拉纳刚到那不勒斯时相同的年龄。与其物理学研究一样,萨拉姆孜孜不倦地致力于推进发展中国家的科学事业。他清楚地记得1951年他返回祖国时的那种封闭状态。1964年,他在意大利的的里雅斯特(Trieste)创建了国际理论物理中心，现在那儿已成为世界级的研究中心，使得来自全世界的优秀年轻科学家在他们科学生涯的初期就能领略前沿性的研究。萨拉姆物理学生涯的鼎盛时期是在1979年，那一年他与美国物理学家格拉肖（Sheldon Glashow）和温伯格（Steven Weinberg）一起分享了诺贝尔物理学奖，他们是因为把电磁相互作用与中微子相互作用中起作用的力，即物理学家所称的"弱力"（weak force）统一起来而获奖的。由费米迈出第一步之后，这是四分之一个世纪以来最辉煌的工作，把大自然极不相同的两方面统一起来的这种综合，就是麦克斯韦把电力和磁力综合起来成为单一的电磁力这一工作在20世纪的翻版。由温伯格和萨拉姆于1967年分别独立完成的这最后一步，几乎就在麦克斯韦首次发表他著名的方程组之后整整100年。在"电弱"（electroweak，萨拉姆

图9.1　1979年，萨拉姆在斯德哥尔摩领取诺贝尔奖。他是获此殊荣的第一个巴基斯坦人（的里雅斯特的ICTP提供）。

1978年创造的一个词)理论中,一个罗盘的方向与原子核β衰变这种像发光闪电一样不同的现象,可以理解为同一种基本力的不同表现。

萨拉姆赢得了来自全世界的各种荣誉。他的祖国在1958年至1969年期间都是处在阿尤布汗(Ayub Khan)强有力的统治之下,萨拉姆发挥了相当大的影响。可是,尽管萨拉姆是巴基斯坦惟一获得诺贝尔奖的人,他在国内的地位却很快就变得不稳定了。作为少数艾哈迈德派(Ahmadis)伊斯兰教的一员,1974年在阿里·布托(Zulfikar Ali Bhutto)统治下的巴基斯坦国民议会开除了艾哈迈德派的伊斯兰教教籍的时候,萨拉姆辞去了首席国家科学顾问这个颇有影响的职务。

1979年,萨拉姆获诺贝尔奖的消息宣布后,总统齐亚·哈克(Zia Ul-Haq)邀请他到巴基斯坦。他原计划在伊斯兰堡的奎迪德-伊阿扎姆大学作一个关于其研究的讲演,可是由于一个以暴力而著称的学生团伙的威胁,这次讲演被取消了。在贝娜齐尔·布托(Benazir Bhutto)初次担任巴基斯坦总理时,她拒绝接见萨拉姆。最无情的冷遇来自萨拉姆的母校拉合尔政府学院(Lahore's Government College)的一次会议,在当时院方宣布的杰出校友的名单中,他被排除了。

萨拉姆1926年出生于英属印度一个小镇的普通家庭,他的卓越才能、旺盛精力和雄心壮志使得他克服了最棘手的智力问题和政治问题,获得了国际声望。在印度次大陆的后裔中,如此成功者寥寥无几。20世纪90年代初,由于命运的无情捉弄,他旺盛的精力开始衰退,未能享受劳动的成果。最初他还勇敢地奋斗,以继续他的科学和行政工作,可是有几次,他受到了致命的打击。他患的是一种罕见的神经疾病,这种病逐渐地破坏了他的生命力和他的交流能力。他被告知只能再活几年。在的里雅斯特的研究中心,他不能再担任主任了。作为对创立者的回报,1994年,在他的精力完全衰竭之前他还能体会得到的时候,该中心组织了一个为期3天的物理学会议,参加者有同事,还有来自世界各地的崇拜者和以前的学生。杨振宁是其中的一位,他在1956年关于镜像对称性的讲话曾给年轻的萨拉姆留下了深刻的印象。会议的高潮是授予萨拉姆苏联圣彼得堡大学荣誉学位。该大学校长也专程前来。萨拉姆只能坐在轮椅上静听,他已不能讲话了。正式仪式结束后,与会者耐心地站成一行,向萨拉姆表示祝贺。在这位著名教授的后面,是顺次站着的年轻学子。最后有个来自巴基斯坦的易激动的年轻人——他已成功地获得了到萨拉姆的中心访问的一份高额奖学金,向轮椅中的萨拉姆鞠躬时说道:"先生,我是来自巴基斯坦的一个学生。我们为您感到无比自豪。"萨拉姆肩头颤动,泪流满面。

完全丧失活动能力的萨拉姆回到牛津由妻子照顾,他的妻子路易丝·约翰逊(Louise Johnson)是牛津著名的分子生物学家。在那里只是偶尔有人来做客,可已很难与他交流,除了能用他的母语旁遮普话与他讲话的人。萨拉姆于1996年11月去世,可是他对物理学的贡献,以及的里雅斯特他那蓬勃发展的国际理论物理研究中心,却成了对他的永久的纪念。

第十章

反粒子的对撞过程

1960年3月，在罗马附近弗拉斯卡蒂的意大利核物理实验室工作的一名衣着考究的奥地利物理学家图什克（Bruno Touschek），有了一个持续把反粒子从实验室的奇珍转变为前沿研究的工具的想法。在第二次世界大战期间，由于他的物理学背景，图什克被选派去参加德国的雷达和电子学的工作。1945年盟军攻入德国后，盖世太保非常紧张。由于图什克有阅读外文报纸的习惯，再加上他的家庭有犹太血统这个事实，他在1945年被捕了。随着英国军队的逼近，犯人们被迫从汉堡监狱步行转移到基尔的另一所监狱。图什克由于生病而倒在了路旁。一个押解的纳粹德国的党卫队士兵掏出手枪向他射击。看到流出很多血，那个士兵就没再去管这个几乎一动不动的人，而随队伍走了。可是，图什克只是耳朵受了些皮肉之伤。

图什克战时在汉堡从事雷达工作期间，他的同事中有个颇有天赋的挪威工程师叫维德勒（Rolf Wideröe）。1924年在卡尔斯鲁厄做研究生的维德勒提出了一个"束流转换器"的富有独创性的想法。在通常的电磁感应中，磁场使通有电流的导体沿垂直于磁场的方向运动。维德勒的想法是免除导线，在真空中用一个强磁场作用于电流源即电子上。从原理上讲，电子会围绕磁场方向旋转并获得能量，转换器不必有导线。可是这种设备需要比维德勒所能得到的更好的真空，他的丰富的想象力使得他去寻找让电子走得更快的其他方法。

1930年，年轻的美国物理学家劳伦斯在旧金山附近的加利福尼亚大学伯克利分校图书馆浏览时，偶然翻到一篇维德勒的论文。劳伦斯不懂德语，因此他读不懂维德勒的有关制造一个环形机器来加速电子和其他粒子的困难的说明。劳伦斯从附图中领会了这一思想的要点，继而他做成了。利用劳伦斯发明的回旋加速器，物理学家们得以把粒子加速到很高的能量，从而开辟了物理学的新天地（见第七章）。1939年，劳伦斯荣获了诺贝尔物理学奖。

战时在汉堡，图什克从维德勒那儿了解到这些粒子加速器，维德勒正劲头十足地跟踪他的构想所取得的进展。在这些磁跑道中，亚原子粒子一圈接一圈地旋转，用高频电振荡作为"兔子"来刺激亚原子灵猩（subatomic greyhounds），以达到更高的速度。通常，这些亚原子灵猩是质子或电子。它们的反粒子也能以同样的方式来加速吗？当粒子与它的镜像亲吻之时，等候着的探测器能捕捉到一个粒子和一个反粒子相遇的那真实的瞬间吗？

图什克在格拉斯哥获得研究学位之后，到了罗马附近弗拉斯卡蒂的意大利实验室，在那儿他用拉丁语和英语混合着让人能初步理解他。1960年在弗拉斯卡蒂，他又有了一个妙想。在相同的电磁条件下，粒子和反粒子的运动方向相反，1932年，安德森就曾在他的探测器的磁场中艰难地辨别出向下运动的正电子和向上运动的电子。图什克提出，为什么不把电子和正电子放入同一个加速器中，让它们在同一磁场中在相反的方向上但稍微偏离一点儿的地方旋转，然后让两束粒子在一起对撞呢？对撞的电子和正电子会彼此湮灭，产生带有能量的光子，即强烈的辐射。对撞的电子和正电子的能量可以改变，像超高能无线电发射机那样覆盖光子频率的范围。如果物理学家们幸运的话，由猛撞高能电子和正电子共同产生的高能光子就能达到产生出一个较重的粒子—反粒子对所需要的波长，即产生一个夸克和它自身的一个反夸克。任何夸克—反夸克信号都能立即被周围的探测器"听到"。

要制造这样一个正负电子对撞机，首先就意味着要制造正电子。这可以这样来实现：通过把一束电子射入一块金属而产生许多电子—正电子对，然后再用一种磁场把所有其他粒子扫除掉。1961年，在弗拉斯卡蒂经过初步的原理上的论证后，图什克直径刚刚超过1米的AdA，即储存环（Annello d'Accumulazione），就被运到了巴黎附近的法国奥尔塞实验室，那里有着很强的正电子源。1963年，AdA实现了一束电子与一束正电子的对撞。AdA一指明方向，其他机器也跟了上来。逐渐提高环流电子和正电子的能量，物理学家们也就能提供足够的湮灭能量来制造其他粒子，从电子和正电子就可以得到夸克和反夸克。

加利福尼亚的斯坦福大学最初选择了不同的电子路线，斯坦福直线加速器中心（即SLAC）的2英里（约3.22千米）长的电子炮成了旧金山南部帕洛阿尔托附近景观的一部分。1967年，这个强有力的亚核"X射线机"第一次揭示了质子的夸克构架。可是，斯坦福也想要建造一个像AdA这样的正负电子对撞环。SLAC已经建成了一个世界上最大的物理学机器，不能再申请更多的资助，因此就在这个大机器阴影下的停车场里，建了一个直径为80米的中等正负电子对撞机——SPEAR。与AdA相比，80米就已经够大的了，可其他地方已经在规划比这大得多的正负电子对撞机了。

SPEAR的电子和正电子的能量逐渐提高，1974年11月SPEAR偶尔达到了研究的最佳状态——它的湮灭辐射达到了某个频率，这使得等待的探测器觉察到了预兆。通过小心精细地调节能量，由里克特（Burton Richter）领导的SPEAR队伍把注意力集中于一种粒子的啸叫信号，这差点把他们的探测器"震聋"。来自正负电子对撞的辐射已处于

图 10.1　斯坦福直线加速器中心(SLAC)的 SPEAR 环显示了如何用正电子(电子的反粒子)来制造更重的反夸克(SLAC 提供)。

从未见过的一种一触即发的亚核状态,即一种新的夸克及其反夸克态。这种夸克比盖尔曼 10 年前所预言的那 3 种夸克都重,是一种新物质。按照夸克命名的惯例,这种夸克被称为"粲夸克"(charm)。在布鲁克黑文由丁肇中(Sam Ting)领导的小组也发现了这种带粲数的夸克—反夸克粒子。1976 年,里克特和丁肇中应邀到斯德哥尔摩领取了他们的诺贝尔奖。

　　发现了第四种夸克,夸克的梯子还有多高呢? 为达到越来越高的能量来登上这个梯子,正负电子环建得越来越大。1989 年 7 月 14 日,正值法国大革命 200 周年纪念,这个周长 27 千米、建在瑞士日内瓦附近的CERN 的最大的 LEP(大型正负电子)环——正负电子对撞环开始运行。为了精确调节它的粒子—反粒子束,LEP甚至要考虑月相,这是由于陆地潮汐每24小时中有2次会使地球的地壳弯曲并使LEP环变形。在27千米之内,即使是几厘米也足以破坏LEP的正负电子的瞄准。

冷却反粒子

在图什克的正负电子成功之后,具有迷人风采的苏联物理学家布德克尔(Gersh Budker)提出,可在新西伯利亚的苏联实验室建造一个环来保持反向旋转质子和反质子束。布德克尔是个犹太人,他更喜欢自称为安德烈·米柯哈伊罗夫·布德克尔(Andrei Mikhailov Budker),因为这听起来"更俄罗斯化"。他结过5次婚("我的浪漫都以结婚而告终")。精力充沛的布德克尔终生致力于为公众利益而开发"奇妙的粒子世界"的科学技术。为了实现质子—反质子对撞,布德克尔面临建造一个反质子源的挑战。用比制造正电子高得多的能量产生反质子的困难在于,反质子要难控制得多。这正如布德克尔富有诗意的描绘那样,他实现质子—反质子对撞的梦想,其难度犹如"在地球上把罗宾汉的箭集中起来和在天狼星上把威廉·特尔(William Tell)的箭集中起来"一样。

当一束质子猛射到靶上时,随着云一般的其他粒子的产生,质子—反质子对就产生了。问题是,反质子不仅很稀少,而且是带着各种能量朝各个方向跑。即使用磁透镜和滤光镜来增加粒子束,不听话的反质子仍然会四处跳动而让加速器吃不消。会有许多反质子飞出轨道并消失在对撞环的墙里。布德克尔认识到,由于反质子太"烫"而难以对付,在注入到加速器中之前应该对核反粒子进行冷却。他提出,先引导难以控制的反质子通过光滑的电子"套筒",以便把使反质子无规运动所不需要的热量通过其周围的冷电子吸收掉。1974年,布德克尔的"电子冷却"方案实施成功了。

在 CERN，一位沉默寡言的荷兰加速器专家范德梅尔(Simon van der Meer)有了另一种办法来处理这种不听话的粒子束。他提出，用拾波器来监测大致上是做环形运动的粒子束。拾取的信号能显示出粒子束分散的情况，从而能算出一个适当的校正。可是到这个时候，粒子束已经往前走了。范德梅尔提出，利用在环形粒子轨道对面的反馈电极，让导线穿过环的直径而反馈。对直径为 10 米的环，以光速运动的粒子用 150 纳秒(1 纳秒=10^{-9}秒)走完环的一半。发一个信号，直接穿过直径这样长的距离得用 100 纳秒。如果校正量可算在 50 纳秒之内，反馈信号就能赶上一部分粒子束，使粒子束接近于定形。经过成千上万次连续的校正，粒子束会渐渐变得状态一致。1972 年，范德梅尔写下了他的想法，并称为"随机冷却"，结论是："这项工作是在 1968 年做的。这个想法在当时看来过于牵强而无法证明能够发表。"用快电子学来进行信号处理的这项工作于 1974 年启动。

对所有这些工作一直保持关注的是一位高大而又热情奔放的意大利物理学家鲁比亚(Carlo Rubbia)，他对物理学的前沿走向总有种不可思议的感觉。在 20 世纪 60 年代中期，鲁比亚意识到物理学认识已经到了一个面临抉择的十字路口。物理学一直在寻找统一性，用最少的基本理论去解释尽可能多的现象。直到 19 世纪初，电和磁都被认为是不同的。摩擦硬橡胶棒和罗盘指针看起来毫无共同之处。尔后慢慢地认识到，电和磁之间有着内在的联系，通电流的导线能产生磁场；在磁场中运动的导线中能产生电流。电和磁之间的对偶性就包含在 1864 年麦克斯韦写下的电磁学方程组中。麦克斯韦方程组实现了这种令人满意的统一，还预言了光是电磁波。

100 年之后，理论物理学家猜测，应该有一种类似的统一把电磁力和放射性 β 衰变中的力联系起来，物理学家现在称之为"弱力"。虽然

图10.2　鲁比亚。是他发现了反质子的物理潜能（承蒙Boutique/B.Pillet. St. Ge-nis提供照片）。

电流的磁效应与原子核的β衰变表面看来很不相同，可是在更基本的层次上，电磁力、光波和光子与弱力有许多深刻的类似。当以在美国的美国人格拉肖和温伯格，以及巴基斯坦人萨拉姆为先驱的许多理论家组成了更大的一幅绘景时，这种统一再次出现了，在其中，电磁力和弱力成为一个共同的"电弱"效应的不同表现。

　　为实现这种统一，就意味着对目前已成为物理学核心问题之一的真空进行重要的重新思考。真空中不仅充满了瞬息万变的量子泡沫，而且真空还具有一种优先的方向。用斧子劈一块木头，如沿着它的纹理很容易就可以劈开，而沿垂直它的纹理去劈那就要费劲得多。

　　正如电磁力是由光（即光量子）传递的，弱核力也有它的传递粒子，不过有两种：一种是电中性的，称为Z；另一种是带电的，称为W。沿着真空的取向作用的电磁力,通过没有重量的光子易于在长距离起作用。而另一方面,弱力是横贯真空的取向的,它只能在很近的范围内有感觉。弱力的传递者 W 和 Z 必须非常重,大约比质子重 100 倍,甚至比铁的原子核还要重。

和光子一样,W 粒子和 Z 粒子无时无刻不在起作用,可是要使它们显现出来就意味着要提供足够的能量来产生它们的质量。20 世纪 70 年代中期,还没有正负电子对撞机能提供足够的能量来制造 W 粒子和 Z 粒子。鲁比亚认为,当时尚未得到验证的质子—反质子途径是获得 W 和 Z 的第一种真正可行的办法。质子和反质子自身不会产生新粒子。质子和反质子将成为把夸克和反夸克引入冲突的鲁比亚战车。这可远不止是提出了另一个实验。制造反质子并使之与质子对撞,这意味着要改造整个一个大型实验室。鲁比亚带着这个提议到了费米实验室,费米实验室设在芝加哥附近的伊利诺伊平原上,当时那里正有一台世界上最大的新的粒子加速器刚投入运行。鲁比亚的建议被断然拒绝了。

不久,费米实验室的一个实验发现了当时所见过的最重的粒子。该粒子比 1974 年里克特和丁肇中发现的同类粒子更重,是由一种新夸克(即第五种夸克)及其反夸克组成的。用异想天开的名字为夸克命名这早已成为一种惯例,可这种新夸克该叫什么却未达成一致的意见。一些人选择了诗一般的名字"美夸克"(beauty),另一些人则选择了更普通的名字"底夸克"(bottom),作为与组成质子和中子的两种轻夸克之一"下夸克"(down)的类比。

遭到费米实验室的拒绝后,鲁比亚带着他雄心勃勃的计划到了CERN,当时范德梅尔正在完善他的新随机冷却方案。到了 20 世纪 70 年代中期,CERN 已经拥有世界级的质子加速器的显赫阵势。第一台大型欧洲原子粉碎器——质子同步加速器(简称 PS)早在 1959 年就在那儿运行了,一台与费米实验室的机器规模相当的新机器——超级质子同步加速器(SPS)则刚刚运行。SPS的建造是与费米实验室的一次竞赛,但美国的实验室取胜了。在为来自欧洲以及其他各地的成千上万名物理学家提供研究设备时,CERN严肃的委员会结构和大陆欧洲人端正的准则使得他们更愿意支持"有把握"的实验,而让性格更加外向的美国人去冒险,可这也使得美国人轻而易举地就获得了诺贝尔奖。首先,得到国际合作的工作需要足够的补偿,可研究也应该得到回报。由于显然缺少科学成果,CERN管理部门决定支持鲁比亚的这个冒险的尝试。这是一个大胆的决定。对某些人来说,这过于大胆了。正值SPS开始取得大的进展之时,不得不关闭它并进行改造,这真是太可惜了。质子—反质子技术已处于技术可行性的极限。即使所有的新技术都用上,用以前从未达到过的能量把3种夸克和3种反夸克抛到一起,那也只会产生一大堆混乱的碎屑而遮住可能产生的新东西。

为试验这一方案的可行性,并衡量布德克尔的电子冷却方案和范德梅尔的随机冷却方案的相对优劣,CERN建造了一个叫做初始冷却实验(即ICE)的小实验环。范德梅尔的随机冷却方案最初看来更加困难,而到了1978年,将这种方法用于驯服难以控制的粒子束时,看起来倒是比布德克尔的更好一些。可ICE是用质子做的试验,还要做最后一个试验。质子是永远存在的,从原理上讲反质子也应如此。可从来没有人证实过这一点。也许与在高能实验中发现的一些新重粒子一样,反质子最终也会衰变。自从1965年*发现反质子以来,所见的单个反质子存在的最长时间是140微秒。如果反质子会迅速消失,那煞费苦心又耗资巨大地建造反质子设施就会毫无意义。1979年,ICE环第一次品尝到了反质子的滋味,当时物理学家们简直屏住了呼吸。反粒子在

---

* 系"1955年"之误。——译者

ICE环中停留了几个小时。CERN给鲁比亚的计划开了绿灯，质子—反质子对撞变成了一种实际的挑战而不再是梦想。

反粒子的整个一代都必须被创造出来，它们必须从经受孕育、诞生、成长、就学，到从事有用的工作等。新的CERN反质子项目的核心是一座反质子"工厂"。用磁学方法从轰击靶的质子的产物中选出原始反质子脉冲。大约100万个质子能产生1个反质子，它是以质子—反质子对的形式出现的，而每个质子脉冲中包含10^{13}个粒子。（然后，原始反质子通过由几千安培电流驱动的金属"透镜"聚焦，并使粒子集中进入一个细的粒子束流管。这种透镜是用轻金属锂制成的，为的是减少反质子通过时被拦截的机会。）

反质子被注入一个新的"反质子储存"环，在那里通过范德梅尔的随机冷却而被驯服。一旦被驯服，每个反质子脉冲就必定被转入旁边的一个第二位的"堆积"轨道，另一个反质子脉冲进来，再进行冷却并转入堆中。经过几天几十万次反质子脉冲的注入，10^{12}量级的反质子会在堆中作环绕运行，这与普通的质子束相当。这时，反质子堆会被从反质子储存环中倾泻出来并且增加其能量。先是在PS中，然后在SPS中进行，始终与对面旋转而来的质子束共同平行进行。当质子与反质子在SPS中最终达到它们的"阈值能量"时，两束粒子就被引到一起进行碰撞。这太复杂了，多数是来自大西洋彼岸的评论家们这样说。这件事可能永远也不会做成。而且，娇气的反质子会被耗尽的。

1980年7月3日，反质子储存环首次与质子一起进行了一次难以预料结果的运行。每样东西各就各位，电磁铁的电流转换了方向，第一批反质子被输入。只用了少数几个随机冷却装置，最初的反质子强度就达到了所希望的终值的百分之几。同时，把反质子从一个环送入下一个环的一些新的隧道也完成了。到了1981年夏天，CERN所有的加速器都在为反质子而运行，第一次高能质子—反质子对撞被记录下来。

为了能够宣布这些对撞已经被观察到,鲁比亚推迟了去里斯本参加国际会议的出发日期。评论家们改变了以往的腔调。用于物理实验的对撞永远也不够用。大家的注意力从提供反质子转移到了记录并分析质子—反质子对撞的结果。

为了观测这些对撞,鲁比亚开始建造巨型探测器,围绕着质子—反质子对撞点,把成千上万吨设备排放入同一中心的箱子中,仿佛是一个巨型的高技术俄罗斯洋娃娃。每个箱子设计得能够捕获碰撞的一个方面的信息,而且,通过集中来自所有箱子的信息,物理学家们可以得到一个完整的绘景。这些探测器被安装在CERN之SPS的对撞点周围,有如巨大的地下教堂群。要让这些巨大的探测器运行就需要在科学实验中进行前所未有的、具有一定规模的协作,这需要大约200名物理学家参与。虽然后来的实验规模还要大得多,但20世纪80年代初CERN的质子—反质子实验在科学合作方面形成的乃是一种新规模。不同探测器部件由进行合作的研究所和大学分别负责。每年都有几百人努力地进行着成千上万个探测器部件的设计、组装和试验。导线连着电线,组件挨着组件,复杂的电子器件组装在一起,探测器被一块块地从参加合作的研究所中集中起来。每个组件通过合格测试后就运送到日内瓦。这项运作的后勤工作是庞大的,有的时候探测器的尺寸就是由能运输到日内瓦的设备所允许的最大尺度决定的。

物理学家们急切地把第一次质子—反质子对撞的绘景拼合起来进行分析。他们清晰地观察到所形成粒子的受严格限制的飞沫信号,即"喷注"(jets),这表明深藏在对撞的质子和反质子中的夸克和反夸克确实彼此撞击着。夸克喷注从未这么清晰地被观察到过。然而物理学家们懂得,要寻找期待已久的W粒子和Z粒子还为时过早。尽管能量已经达到了,但质子—反质子的对撞率过低,还不能给出W粒子和Z粒子形成的像样的可能性。

1982年,经过慢慢处理后对撞率更高了,有可能观察到W粒子和Z粒子的第一次真正的质子—反质子运行的帷幕即将开启。可是,鲁比亚探测器中的一个小事故却意味着精心准备好的部件不得不拆开来重新净化,不得不延期运行。物理学家们怨声载道,可后来证明这次延期其实是塞翁失马。这个对撞机项目取代了与其他物理学实验穿插进行的一系列短期运行项目,被硬插到那年下半年的一次长期运行之中。要进行反质子的集中作用是需要时间的,这种连续性不是靠时断时续的操作来提高的。在长期运行中,加速器专家们得以完善他们的操作并确保他们的反质子提供者更加可靠。

1982年夏天,时任英国首相的撒切尔夫人(Margaret Thatcher)在瑞

图 10.3　1982 年 8 月,撒切尔夫人从 CERN 当时的常务所长朔佩尔(右)和鲁比亚的副手阿斯特伯里(左)那里得知反质子的进展情况(CERN 提供)。

士度假时对CERN进行了一次私人访问。由于有化学研究者的背景，她一直对基础研究有着浓厚的兴趣。在访问期间，她被告知："靠一点运气，靠我们加速器同事们的一些帮助，再加上对圣诞老人的坚定信仰，到圣诞节的时候我们就可能得到W粒子。"在那次访问结束时，她对CERN当时的常务所长、德国物理学家朔佩尔（Herwig Schopper）说，一旦发现W粒子和Z粒子就马上告诉她。她说，她不想非得依赖新闻报道不可。

在撒切尔夫人访问之后的几个月，质子—反质子对撞的比率比前一年增加了100倍。环流中的反质子束越来越持久，发射一次反质子，在它们最终被磨碎之前能受控达几乎两天。到此时，实验已观察到几次10^9量级的质子—反质子对撞。由于确切地知道所要寻找的是什么，实验人员已准备好了数字高速路，通过他们的计算机来积累数据。预先编程的电子螺旋式栅门设置为：每次发生碰撞时，一旦收到W的入场券就敲一下。虽然最初人们没什么可说的，但渐渐地，在实验控制室周围就能见到一些满意的笑容了。1982年12月，朔佩尔已经有足够的自信去向撒切尔夫人报告了。没想到，CERN的最高领导人已过早地把这个消息泄露给了唐宁街，鲁比亚的副手、英国物理学家阿斯特伯里（Alan Astbury）和鲁比亚于1月给撒切尔发了海底电报："我们开始揭示期待已久的W粒子的存在，而且附带地确认了圣诞老人的存在是毋庸置疑的。"［撒切尔夫人的］一封独特的回信如图10.4所示。

新年伊始，10个W粒子的候选者能够承受住检验，可是，由于这个发现的意义如此重大，所以没有马上宣布。不过，经过了1983年1月22日至23日的这个周末，鲁比亚越来越确信并这样判断："它们看上去像W粒子，感觉也像W粒子，那么它们必定就是W粒子。"发现了带电W粒子的这一消息是在1月25日宣布的。

实验人员知道，W粒子的电中性伙伴Z粒子需要的质子—反质子

10 DOWNING STREET

THE PRIME MINISTER

26 January 1983

Thank you for the telex which you and Carlo Rubbia
sent on behalf of the UK contingent in the UA1 experiment.
I'm not sure which is more exciting: the glimpses you have
had of the W particle, or the knowledge that Santa Claus
really does exist. Anyway, my warm congratulations on a very
important discovery, and I am delighted that British scientists
were once more in the winning team. I am sure the prize will
be confirmed by your experiments in the spring, and that this
will be just the first of many important discoveries for your
team.

图10.4 物理学家阿斯特伯里把质子—反质子实验已做出一个重大发现的消息告诉英国首相撒切尔夫人后,首相的回信。

对撞要比W粒子所要的更多,而另一方面,Z粒子的"指纹"却易于留下记号。1983年4月,一次新的反质子运行开始了。虽然有更多的反质子形成、收集和加速,而Z粒子似乎并不想露面。可是,5月一过,就观察到了称为名片的第一批Z粒子。6月1日,宣布了Z粒子的存在。从夸克和反夸克,产生了弱力的传递粒子。物理学家称之为"中间玻色子"(intermediate bosons)。更富有想象力的新闻媒体称之为"重光"(heavy light)的发现，这暗示了这种新粒子与电磁辐射之间的深刻联系。因为这一发现，鲁比亚和范德梅尔被授予1984年度诺贝尔物理学奖，这在该奖的传统中要算等候时间很短的。

企图寻找W粒子和Z粒子乃是一次科学与技术方面的赌博。格拉肖、萨拉姆和温伯格这3位理论家因将电弱理论统一起来而荣获了1979年度诺贝尔物理学奖，考虑到当时该理论所预言的关键的W粒子和Z粒子尚未发现这一事实，瑞典皇家科学院的举动可谓颇有勇气。这正如一位资深物理学家获悉该消息时所评论的那样："这是否意味着，如果找不到W粒子和Z粒子他们就会收回这份奖金呢?"这个问题一直是个假设的问题。全世界的物理学家都为这一成果而欢呼。费米实验室的一位物理学家把这一发现描绘为："对粒子物理学来说相当于1969年的阿波罗登月。"

1992年，CERN的质子—反质子对撞机因完成了它的物理学任务而退役，到此时，这台机器已处理了几千亿个反质子。产生这些反质子，在金钱、时间及人力上都需要巨大的付出，而如果许多反质子能立即被放在一起，那么在一个针尖上它们就全都能舒适地就位，而且比一小点灰尘还轻。完成了在CERN的任务，反质子源上的设备被运往日本，在远东用于制造反粒子，并由此而获得新生。

曾拒绝了鲁比亚最初的反质子提议的费米实验室，后来决定追随CERN的努力方向。费米实验室的质子—反质子对撞机于1985年投入运行，它的优势在于粒子束能量比CERN的高几倍。费米实验室的对撞机的伟大时刻在1995年3月到来了，实验发现了第六种夸克，也是最重的一种，被称为"顶夸克"(top)。对撞除了产生轻的夸克和反夸克，还产生了重的夸克和反夸克。

在实验室中，不论是电子—正电子对撞还是质子—反质子对撞，这种粒子—反粒子对撞中产生了很多粒子和反粒子,此时所产生的粒子的数量总是与反粒子的数量相等。能量是温度的一种量度,即表明了物质的组分粒子运动得有多快,而且,这些对撞粒子—反粒子束的能量再造了自从宇宙创生的大爆炸后的第一瞬间之后就再也没有过的温度。至今在实验室条件下所做的探索表明,宇宙所含有的反粒子曾与粒子同样多。而在我们周围却只看到粒子。粒子—反粒子对撞实验正在努力去获得更高的温度,从而去寻找曾在第八章描述过的打破反粒子镜像的微妙的不对称性。果真如此,他们就将模拟那种注定物质要征服反物质的大爆炸条件。

第十一章

为反物质设个陷阱

反物质一碰到物质就湮灭,因此想把反物质储存在物质的容器中的任何尝试都是徒劳的。反物质只能保存在没有物质围墙的盒子里。这样做的一种方法就是如前一章中所描述的那样,用磁场来限制正电子或反质子的环流束。可是,只有在反粒子高速飞转,使其突然改变方向而欲飞离的离心力恰好平衡掉内部磁场拉力时,这种方法才能奏效。当反粒子运动很慢而不能进入这种磁轨道时怎么办呢? 这些反粒子能储存吗?

1984年,由西雅图华盛顿大学的德默尔特(Hans Dehmelt)领导的一个小组,成功地将单个的正电子在一个专门设计的粒子"陷阱"中保持了3个月之久。这个"陷阱"是个微小的圆柱体,其直径和长度仅为发丝宽度的几分之一。其中,单个粒子安静地处于电场和磁场的势垒上。不过,德默尔特当初设计这个装置却并非将之用作反物质陷阱。他之所以费劲地用了将近20年才做成一个没有围墙的粒子容器,内中有着更为基本的物理学缘由。

当一根弦振动时,它向周围空气传播能量,这种能量能被我们的耳朵接收到。像光这样的电磁波是辐射一种不同形式的能量的振动。要产生振动,首先就需要像两端固定的一根弦这样的某种振子,然后还要使振子"起振"。如果电磁能是由微小的不可见的弦振动而产生的,那么从原则上讲,振子的频率不会有限制。对声音而言,频率越高就意味着音调越高;而对像光这样的电磁辐射,频率越高就意味着光谱从红端移向紫端。

1900年,普朗克认识到,原子振子不能发出持续的能量(见第六章),即原子振子不能变成无穷小而且最终高频遇到了障碍。像小提琴这样的弦装置,可以通过拨动而发出短促的单音,或是用弓拉而发出连续的音调。可是,拨动得慢一些,即使用弓拉也发不出连续的音调。弓以一系列微小而连续的拨动来回摩擦弦,而产生一种连续的音调。普朗克说,原子振子也只能拨动,每拨动一次就释放一个辐射能量的量子。由于有足够多的振子,所产生的振动看起来就是连续的,这就像是我们不能从管弦乐队中融合在一起的小提琴声中分辨出弓的来回往复的拉动一样。另外普朗克还说,"起振"原子振子所需的能量取决于发射频率,所发射的电磁"音调"的频率越高,使振子振动所需要的能量就越多。普朗克写下了可能是最简单的方程来保证这一点:$E = h\nu$,其中E是振子的能量,ν是频率,二者由普朗克常量h联系在一起。

振动的频率就是每秒所经过的波峰数。相连着的两个波峰之间的距离是"波长"。像声或光这种匀速运动的振动,波长越长则每秒所经过的波峰就越少,频率也就越低。波长越短则频率越高。竖琴的低音弦就比高音的长。用普朗克的话说,拨动量子竖琴琴弦需要的能量也是变化的,在这样的竖琴中,低频低音琴弦可以柔和地轻弹,而高频的就必须用锤重敲。

四分之一个世纪之后,能量与辐射之间的这种深刻的联系已融入物理学家的意识之中。矩阵力学的发明者海森伯停下来深思由他的矩阵操作所预言的这种奇怪的新量子结果的含义。为什么大自然在亚原子尺度上看起来如此古怪?由于当时还不可能做个体亚原子粒子的实验,于是海森伯想象出了有关亚原子情形的一个假想的"理想实验"。问题是要同时确定单个亚原子粒子的位置和速度,这似乎是个理所当然的要求。

所做的第一件事应该是看着这个粒子。这就意味着用光照在粒子上面,反射的光可以显示出粒子所在的地方。可这种光亮的电磁振动有确定的波长,在一定程度上,这个波长却妨碍了粒子位置测量的准确性。普通光的波长小于10^{-6}米。原子的尺度是这个波长的万分之一,因此单个原子太小了而不能用光照见,巨大的光波完全吞没了原子障碍。要想看到一个原子就需要更小的波长。这如何才能获得呢?

普朗克的量子绘景表明,辐射的能量是不连续的,尽管有足够多的原子振子在起作用,净结果仍是如此。辐射能量就像是下雨,尽管水是以小水滴的形式落下来的,但每样东西都湿了。普朗克指出,低能(低频、长波长)辐射是一种能使地面的一大块区域均匀变潮的细雾,而高能(高频、短波)辐射更像是能带来巨大灾难的雷暴雨中的冰雹。

德布罗意在他1923年的设计者方程中大胆地提出,如果量子辐射像雨滴或是粒子,那么粒子也可以看作是辐射。德布罗意指出,粒子的能量越高,则频率越高且对应的波长越短。一个电子束有一个取决于它的能量的波长,这点后来应用在电子显微镜中,用于揭示小得用普通光看不到的病毒,以及分子和原子结构的细节。

海森伯说,假设我们要造一台能看到极微小的单个电子这样的显微镜,这种精细的位置测量必须用尽可能短的波长(尽可能高的频率),因此,所假设的电子显微镜的能量必须一再拉高,直到对象电子突然进入焦点。我们测量电子所在的位置。如果我们也能测量电子的速度,从原则上讲我们就应该知道在任何时候电子在何处,而且能预言它的未来。可事情却并非如此简单。看着电子的这个简单的行为,却意味着电子显微镜辐射的一个量子被对象电子反射而反弹到"目镜"中。能观察到像电子这么小的对象的辐射具有很高的能量。当这种辐射从对象电子上反弹回来时，这种反弹力强得能让对象电子明显地反弹开而改变自身的速度。我们可以精确地测出对象电子曾处的位置，可就在做这件事的时候却改变了它的命运。

同样，如果我们想要测量该电子的速度，比如通过测量它通过某个参照距离所用的时间来测，我们却无法精确地知道电子所在的位置。最终的情况是在电子处于静止时进行。如果它没有速度，我们就无法测出它通过我们的参照距离所用的时间有多长，因此电子可以随便在哪里！这种猜不透的难题就被作为海森伯不确定性原理。经过了50年之后，技术才达到海森伯"理想实验"的水平，物理学家才得以实际地接近这些条件。

"少就是多"

自幼在柏林长大的德默尔特在第二次世界大战期间应征入伍，又从斯大林格勒逃跑，后来于1945年被捕入狱。1946年获释后，直到他进入格丁根大学研究物理学之时，他就靠修理旧收音机过着不稳定的生活。1947年，在格丁根为坚强的普朗克举行的葬礼上，德默尔特是为他抬灵枢的人之一。普朗克的长子在第一次世界大战中被杀，他的两个女儿都夭折了。在第二次世界大战期间，普朗克的家被炸，他的大部分未公开发表的论文丢失了，剩下的一个儿子也因1944年试图刺杀希特勒(Hitler)而被处决。战后，已达87岁高龄的普朗克短暂地当过原威廉皇帝研究所的所长，为表示对普朗克的敬意，该所更名为马克斯·普朗克研究所。

德默尔特在孩提时代就听他的父亲讲过罗马法的复杂、优美和智慧。可人类制定的法律在德默尔特看来却过于武断了。"我感到自己为物理世界的神奇及其无限和永恒的法则而着迷,"德默尔特后来说,也正是这种热情促使着他在1978年成为最早观察到单个原子的人之一。德默尔特的不带围墙的容器这一颇有贡献的进展,使得处理带电粒子的技术成为一门精湛的艺术,这也最终使他得到了1989年到斯德哥尔摩领取诺贝尔物理学奖的邀请。这些容器还揭示了把反物质粒子悬浮在空中的可能性,从而使它们从与周围的物质湮灭的危险中保存下来。

"物理世界的现象异常丰富而且彼此不乏联系,"德默尔特说,"因此实验者的生活就是,在实验室中花时间来努力人工地制造出足够简单的可以分析的现象。"德默尔特记得在格丁根物理学系做学生时,有位讲师用粉笔在黑板上点了个点说:"这是一个电子。"这给德默尔特留下了深刻的印象。他曾听过海森伯在格丁根的讲演,这位量子力学大师解释说,根据他的不确定性原理,处于静止的电子速度为零,它可以呆在任何地方! 德默尔特从自己的电子学知识知道,电子可以被电场和磁场所控制,于是他给自己设立了这个富有挑战性的目标,他要捕获亚原子粒子,在它自己的运动中使其呆的时间长得能击败不确定性原理。

把高压电加到低压气体管上时,气体原子会分裂而连续地发出一列电子,即"阴极射线",这列电子会行进而离开阴极。这种带电粒子的行进会受到放在管子旁边的磁铁的影响。早期的阴极射线实验已表明了阴极射线的闪光是如何被磁铁弯曲的。适当地安排磁场,能让电子做更加复杂的体育动作。劳伦斯的回旋加速器能让电子处在固定的轨道中,使向内的磁吸引力与旋转粒子的离心外滑力正好平衡。在阴极射线管中,如果使磁场足够强,电子恰好被拐弯成一个整圈,通常的电流就中止了。这些不知道该再往何处去的电子,曲折转圈,因撞进管中的残余气体分子中而失去能量。这些低能电子再也不能被磁力平衡,转回阳极。20世纪30年代,彭宁(F.M.Penning)指明了如何利用这一原理来测量还有多少残余气体分子,他还发明了一个非常有用的真空计。这些彭宁计看起来非常像曾用在收音机中的那种大电子管。

1956年,德默尔特用了一只这样的彭宁计,他改变了它的电压,使电子最终不再到达阳极,并产生一个电流,使它永远在磁场中迂回行进。在这个管子里,电子在电场和磁场中滚动,就像一粒弹子在一个转动的碗中那样。电极的排列就像一个切开了的罐,圆柱部分是阳极,分开了的罐的顶和底是一对阴极。如果电子停到阴极"盖子"的附近,它会被推回罐里,而变成陷在像网眼一样的轨道上。为感谢这位电子学

图11.1 粒子捕获者——德默尔特(CERN提供)。

的先驱,德默尔特把这种装置叫做彭宁阱,因为如果没有这位先驱者就不可能有这种思想。如果德默尔特没有选择感谢彭宁,这种装置理所当然地会被称为德默尔特阱。在陷阱中旋转的电子就像微型无线电发射机一样起作用,德默尔特可以通过一个剩余的海军无线电接收器拾取这种辐射。当电子辐射时,它们会损失能量,在电场和磁场这样的"碗"中滚动得就不再那么有力。

和许多物理学家一样,德默尔特也为狄拉克方程那几近神奇的威力所痴迷。他说,这是一种"有力而又优美的东西"。根据这个方程,电子即便处于静止时也有角动量,好似它是绕自身的轴而自旋的。而且这个轴的指向不是任意的,就像某种量子开关,只能指向两个有意义的方向——要么上,要么下。德默尔特无法理解,一个没有可见维度、只是一个数学点的电子怎么会旋转。零维度的东西也试图旋转,他可不是被这样的想法所困扰的第一个人,泡利就曾把电子自旋描述为电子的"无法用经典语言描述的双值性(two-valuedness)"。泡利说,电子根本不自旋,它只是具有某种类似旋转的特性。

可是,由于没有其他绘景,把自旋作为一种物理旋转的观念保留下来了。物理学家们说,在某种程度上,这种旋转是固有的。如果盛有液体的容器被高速自旋,那么,当容器突然停下来时,里面的液体还会继续旋转。可不论它是什么,所有这些绘景都要求电子有内部的维度。当一个电荷旋转时,它就像一块磁铁一样行事。像电子这样以某种方式旋转的东西,也应该像一块微型磁铁一样作用。早期的实验已表明,自旋的电子具有的磁力是预期的2倍,这使人们更加怀疑电子自旋在某种程度上是不同的。狄拉克方程的一个成功之处就是它对电子的双倍磁力的解释,这是相对论的一个直接结果。后来的实验表明,这个倍数并不正好是2,有0.1%的微小差别,这是由与产生兰姆移位(见第六章)的量子效应同类的效应引起的。电子被伴随的光子和电子—正电子气泡的模糊的云雾围绕着,而电子的磁力上留下了它们的标记。狄拉克方程不能为这些效应找到答案,这需要用到费恩曼和施温格尔的量子电动力学。

为测量原子的磁效应,1920年,施特恩(Otto Stern)设计了一个绝妙的方法,即在一特殊形状的强效磁铁两极间射入一束光。在这个磁场中,原子磁铁像微型罗盘那样排列起来。可是这些量子罗盘只能指向确定的方向,这非常像原子中的电子只能处于特定轨道上,即能量之梯的某个梯级上。当通过施特恩的磁铁时,每个粒子转入量子所许可的两个磁方向中的任何一个。施特恩用这种方法测量了质子的磁力,结果表明它和电子的磁力很不相同。这使施特恩荣获了1943年度的诺贝尔物理学奖,这是自第二次世界大战爆发后的第一次颁奖。

可施特恩的技术不能用在电子上。轻得多的电子在磁场中作曲线运动,而且这种旋转的磁效应对电子内在磁力测量的任何努力都有影响。为克服这一点,德默尔特把电子束缚在一个用液氮冷却的陷阱中,从而把热晃动除去,然后再用上一个微弱的磁场。所得到的集中围绕环流电子的单音调的无线电发射,显示了一种由残余热运动而引起的稳定的背景噪音,可是,随着电子自旋方向从指向上到指向下以及反之亦然的情况的变化,这个基本音调一直在改变频率。

除了德默尔特的电磁彭宁阱外,还有另一种可能,那就是只用电场。这种想法不是在磁轨道上把电子捕获,而是使用一个像音叉一样的高频振荡电场。这样,与高频"音叉"同调的这些粒子就会自然地共振,即同步振动,而其他的则不会。由此产生的辐射谱就表明有什么原子存在。1954年,在玻恩的沃尔夫冈·保罗(Wolfgang Paul)发明的这种技术在原子分析中变得很有用了。德默尔特还是学生时,保罗就在格丁根开设实验课,1989年保罗和德默尔特由于在粒子陷阱方面的互补性工作而一道走上了斯德哥尔摩的领奖台。

为了改进他的技术并进行精确的测量,而不仅仅是监测电子自旋稳定的翻筋斗,天才的德默尔特把一束明亮的激光束照到一个陷阱中。就像警车经过时笛声听起来有变化一样,这种"多普勒效应"(Doppler effect)使环流粒子看到的是激光频率的一个频带,从粒子向光束运动时的最大值到粒子离光束而去时的最小值间展开。这个频带的宽度取决于粒子的旋转速度。通过调节激光,这个频带可以调节得与粒子的内部旋转频率一致,从而使之同步共振并发出辐射。用这种方法,德默尔特能对电子的磁力进行精确测量,结果表明:电子磁力是原始期望值的2.002 319 304 4倍,与狄拉克方程预言的因子2相差0.1%。按照费恩曼的方式进行量子电动力学计算预言该值为2.002 319 304 8! 这是在理论与实验之间所取得的最惊人的一致中的一例,十亿分之几的准确度,就相当于地球上的一个射手打中了月球上的一个咖啡杯。

被电场"撞向"地球的单个电子可以比作一个巨大的原子,地球就是其原子核。德默尔特把这种赝原子称为"地球素"(geonium)。经过10年不懈的努力,德默尔特和他的小组精确地测量了电子的磁力,并且通过反转电场方向测量了正电子的磁力。从未有人在这么小的实验系统中付出过如此巨大的努力。德默尔特把这个项目叫做"少就是多"(Less is more)。测得的电子的磁力和它的反粒子的磁力只有10^{-13}量级的差别,带电粒子与其反粒子的行为方式相同,这是至今为止最为精确的检测。

这个磁力是最精确的物理学计算所得到的预言值的1.000 000 000 055倍。预言值与测量值的这一微小差别给了德默尔特以启示:电子和正电子可能不是无穷小的点粒子,而是有个有限的尺度。把所测得的磁力作为基准点,电子可能有10^{-20}厘米的宽度,比电子所产生的最小的"X射线"还小1000倍。把1000这个因子作为保险单,德默尔特推测,在这种尺度上,电子不再是单个粒子,而应该是由亚夸克组成的,在一个递降的梯子的另一梯级,最终结束在他所说的"宇宙子"(cosmon),每个比电子重100亿倍,这是宇宙中所见到过的最重、最小的粒子。

捕获反质子

由于已捕获了电子和正电子,并以前所未有的精度进行了测量,所以注意力接着就转到了反质子上。在CERN,反质子已被高能机器所禁闭,在那里的想法是要利用而不是测量它们。CERN也造了一个低能反质子环——LEAR,目的是研究和利用反质子。(LEAR是反物质研究的一个突破,它是下一章的主题)。加布里埃尔斯(Gerald Gabrielse)在华盛顿大学时曾是德默尔特的同事,他提出用彭宁阱来收集LEAR的反质子。其中在中途有很多困难需要克服。为了使搅乱精致的陷阱轨道的热晃动达到最小,粒子必须被冷却到与液氦相当的温度甚至更低。可是,液氦会很快耗尽珍贵的反质子,所以不得不用冷电子气来代替,因为带负电荷的电子与带负电的反质子能够和平共处。来自LEAR的反质子被引入13厘米长的超高真空彭宁阱中。一旦进去,入口电极的电压就被改变,关上陷阱的"门"并阻止更多的反质子进入。这些已进去的反质子就被关在1立方毫米的微小空间里。

在这一阶段,陷阱中有大约1万个反质子与来自冷气体的大量的电子。简短的脉冲调节陷阱的电场而喷射出较轻的电子。逐渐减少陷阱的电磁"碗"的深度,多余的反质子就逐渐溢出去,直到只剩下15个。在这一阶段,它们的不同旋转使它们能通过电磁方法一个接一个地被剔除,直到只剩下单个反质子。这时会增加陷阱的深度,以确保反物质的单个粒子不会逃跑。通过调节反质子的微弱的无线电信号,加布里埃尔斯的小组测量了它的频率。第一个反质子是加布里埃尔斯于

1986年捕获到的。做完这些测量，注意力又转回到在一个深的陷阱内积累超冷反质子。到了1993年，加布里埃尔斯的小组一次就能储存100万个反质子。

为建立这些粒子陷阱，物理学家必须竭尽其想象力和才智。而大自然却更加聪明，提供了它自己捕获粒子的方法。在原子中，质子和电子这种电荷相反的粒子被束缚在一起。从原则上讲，像原子这样的体系可以用普通原子核和任何带负电荷的粒子（比如反质子）来组成。为制造反质子，先要将高能粒子束射入一个靶中，在达到接近光速的很高的速度上，出现包括任何反质子的次级粒子。这些快速运动的反质子冲进普通原子，在打出电子的同时降低自身的速度。这些反质子最终慢得只能"走"。当一个这样慢的反质子遇到单个质子时，粒子和它的反粒子可通过它们的电磁吸引力而被锁定在轨道上彼此环绕。这种称作"质子偶素"（protonium）的原子，就是一个其中的环绕电子被一个反质子代替了的氢原子。质子偶素这种大自然自己捕获反质子的方式，是于1970年在CERN首次被实验观察到的。但由于反质子比电子重约2000倍，质子偶素原子比氢原子就要小得多。和所有其他原子一样，质子偶素具有容许的能级的梯子，而且最初反质子是在能量阶梯的一个较高能级上闪出。随着反质子通过辐射而不断地损失能量，它逐渐走下能量之梯而接近质子。在氢原子和其他普通原子中，原子核比轨道电子重得多，因此可以看作是固定的，是原子"太阳系"的中心，远处的电子在其轨道上围绕它旋转。可是，在质子偶素中，两个被捕获的粒子具有相同的质量。不能把一个粒子看作原子核而把另一个粒子看作在轨道上绕对方旋转。相反，它们谨慎地彼此围绕着对方转动。当反质子到达最低能量阶梯的梯级时，质子和反质子的轨道与粒子自身的尺度相当——质子和反质子实际上会彼此重叠而且很快就湮灭了。但在湮灭告别演出之前，质子和反质子在短暂的电磁双人舞中仍然设法彼此绕着旋转。

直到1987年,物理学家还从未观察到过有一个反质子到达过质子偶素的能量阶梯中可能的最低梯级,这是因为,在途中反粒子总是屈从于质子。1987年,在LEAR上工作的物理学家们跟踪了在一个反质子冒着危险越来越接近一个质子时所放出的X射线的能级。在100个链中的一个上,反质子真的到达了能量之梯的底部。这种质子偶素原子的特性可被准确地计算出来,可是在质子和反质子开始重叠时,这些预言就会被破坏。这样导致的原子特性的变化,能够让物理学家观察到在质子和反质子屈从于它们的湮灭命运之前短暂共存时所发生的情况。

借助各种他们所配置的人造的和自然的陷阱,到1986年物理学家就能隔离单个反质子和单个正电子了。从原则上讲,他们已经具备了制造第一批真正的反物质原子的成分。电中性的原子,乃是由环绕含有质子和中子的带正电的原子核运动的带负电的电子组成的。对反物质,电的角色会反过来,即带正电的正电子必须环绕由反质子和反中子组成的带负电的反原子核运动。氢是所有原子中最简单的原子,一个单个电子环绕一个单个质子核运动。最简单的反物质原子——反氢——应该是一个正电子环绕一个反质子核运动。利用单个粒子的经验,制造反氢的方法似乎已筹划好了,把反质子和正电子引入同一电磁阱中,让它们彼此诱获。

这样所得到的电中性的反物质原子,在引力作用下会马上脱离陷阱。可是,当反粒子感觉到引力时,它会以和普通物质相同的速率下落吗?根据爱因斯坦的理论,引力这种拉力只与质量有关,因此反物质下落的方式应该与物质相同。但从未有人观察到反物质在引力作用下如何行事。也许它甚至会"飞起来"!观察引力对反物质的效应,是四个世纪之前起始于伽利略的一系列实验的下一步。

　　为研究反物质在引力下如何行事,反质子物理学家们正在建造大型的彭宁阱来捕获数以百万计的反质子,并测量地球引力对它们的效应。这将是一个非常精细的反物质和引力间的测试。也许反物质和物质会被引力分开。[另一个关键试验将是研究反质子落向反地球(Anti-Earth)的方式。一些有影响的定理指出:反质子落向反地球的方式与质子落向地球完全一致,只是模拟反地球比制造反质子要困难得多!]

　　我们由于条件反射,习惯于引力是万有引力这种思想,宇宙中的每个质量都吸引所有其他质量。可也并不总是如此。对于已经达到了目前这种尺度的宇宙来讲,大爆炸之后才出现的这种引力必定曾经是一种斥力,比我们现在所知道的万有引力要强得多。在这种"反引力"(antigravity)中,反物质是否也曾扮演过一个角色呢?

第十二章

胶与反化学

斯坦福的SPEAR环显示了将电子和它的反粒子彼此猛撞而产生夸克和反夸克是多么有用。电子—正电子这种方式看来是种不错的研究赌注。最初跟随SPEAR实验室之一的是汉堡的德国电子同步加速器(DESY)实验室。DESY已经把电子作为常备原料,并开发了一系列电子—正电子环。

第一个是DORIS(双环储存器),是50米×100米的卵形,因投入使用时太晚,没赶上SPEAR的第四种夸克"粲夸克"的发现。让电子和正电子更加猛烈地对撞,DORIS能上升到夸克之梯的更高一级。DORIS产生了由第五种夸克"美夸克"及其反夸克组成的粒子。

还在DORIS正大踏步前进之时,其女儿PETRA已在构思之中了。她的直径为730米,电子、正电子的能量更高,因此PETRA也许会第一个达到夸克之梯的第六级。PETRA的粒子及其反粒子于1978年开始对撞,比计划提前了9个月,比对手美国提前了整整两年。PETRA独自拥有电子—正电子的领地。

夸克之梯的各个梯级并不是等间距的,没人知道下一级有多高。PETRA的粒子束仔细地延伸,探索新的夸克—反夸克立足点的第一个信号。不过,这是一次毫无把握的冒险。PETRA的电子与正电子的能量不足以产生弱相互作用的传递子 W 粒子和 Z 粒子。那个大奖要等鲁比亚的质子—反质子重炮。PETRA 唾手可得的研究成果是什么呢?

夸克黏性

当电子和正电子调到能与夸克—反夸克共振的时候,夸克—反夸克信号铃声大作而且很清晰,和1974年在 SPEAR 所发生的情况一样。可是,当电子与正电子的能量有余时,夸克—反夸克的呼叫信号却变模糊了。多余的能量被把夸克和反夸克束缚在一起的量子键吸收了。随着能量的增加,这些键开始振动,就像一条被突然拉开的厚实的松紧带一样。继续提供能量,松紧带最终会突然断开成两半,并向相反的方向飞开。

即使夸克—反夸克键被断开,也不能把夸克和反夸克分开。一根平直的棒有左和右两端。把棒锯成两半后就成了两根更小的棒,每根小棒上还各有左和右两端。左和右只是一种标志,并不是物体自身所属有的。任何一次切断都做不出一根只有右端的棒。在我们的世界里,夸克和反夸克也是一种属性,没人见到过一个自由的夸克或反夸克。弄断夸克和反夸克之间的弹性键就产生两个夸克—反夸克对,每一对都有自己的键。最初来自电子—正电子湮灭的碎片清楚地显示出正好相反的粒子的喷雾(见图12.1),即裂开的夸克—反夸克键的残余物。

使夸克和反夸克束缚在一起的松紧带是由称为"胶子"(gluons)的粒子组成的,盖尔曼之所以称其为"胶子",是因为它们使夸克黏合在一起。把夸克和反夸克挤在一起的时候,这种胶子键几乎探测不到。就像一根长弹簧,当两端靠在一起时就没什么弹力,而两端拉开时力却变强。拉伸得越长,则松紧带弹性变得越强。

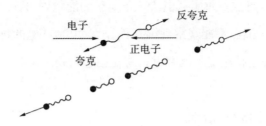

图 12.1 当一个电子和一个正电子湮灭产生一个夸克和一个反夸克时,夸克—反夸克键会突然断开产生更多的夸克—反夸克对。这些是被看作粒子的两个背对背的喷雾或"喷注"。

当被分裂成夸克一端和反夸克一端两部分时,拉得过分的松紧带就能辐射出一些它所储存的能量,就像吉他弦断开时会突然发出"砰"的一声响那样。断开的吉他弦以声能的形式释放其中的拉力,与之不同的是,断开的夸克—反夸克键所释放的拉力会产生胶子这种粒子。这时会出现三部分粒子缀片,有两部分是两端分别为夸克和反夸克的胶子松紧带,再加上一大批胶子,这三部分分享所能得到的能量,形成的图案很像梅赛德斯(Mercedes)商标的三叉星(见图 12.2)。1979 年,

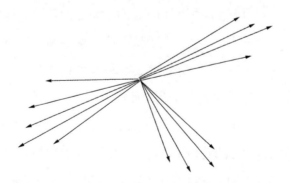

图 12.2 由 PETRA 正负电子对撞机产生的 3 个清晰可辨的粒子"喷注"表明,电子和正电子能产生使夸克和反夸克粘在一起的物质——胶子。当一个夸克—反夸克键突然断开时,在产生更多的夸克—反夸克对的同时,所释放的能量有时还可以产生一个孤立的胶子。这个胶子接着继续产生夸克—反夸克对。

PETRA的实验首次发现了从电子—正电子的能量中出现的这种图案的事例。PETRA虽然不能观察到第六种夸克,可是从她的物质和反物质粒子束中出现了把夸克和反夸克束缚在一起的胶子。

反质子的附属活动

胶子使夸克和反夸克粘在一起,但它们还能把3个夸克粘在一起形成质子,把3个反夸克粘在一起形成反质子。探究胶子需要低能质子和反质子。在CERN通过高能质子和反质子对撞加紧进行在W粒子和Z粒子上的这一主要任务之时,能省下一些反质子另作他用吗?让粒子加速器反转,这些反质子会慢下来行进。把这些低能反质子与质子结合在一起,能否通过耐心调节使这些胶子以其他方式显现出它们的本来面目呢?

最初CERN只是勉强地节省出一些珍贵的反质子,用于看起来似乎只是物理学的附属活动,而低能反质子环LEAR最终还是被认可了,条件是它必须靠反质子的饮食给养而生存。LEAR的组件包括4个8米长的管道,排列成方形的边,由4个通过磁弯曲使粒子束偏转90°的反质子通道连在一起。LEAR于1982年第一次尝到了反质子。在LEAR最初的研究日程中,研究夸克胶是重要的,可LEAR却在只能等到几乎它的生涯的尾声时,才成了头条新闻而且不是通过研究夸克胶。

只能得到CERN产出的反质子的6%,LEAR的童年被剥夺了。这么贫乏的饮食就意味着LEAR必须学会最大限度地利用她珍贵的反粒子,机器专家发展了一种办法,每次只从环中环行的反质子中迁移一个来。由于反质子以接近光速的速度运动,以这种方式在10分钟内所得到的反质子形成一个粒子束,就好像是从地球到太阳的一个纤细的反质子链,每隔100米有一个反粒子。

LEAR 的设计是通过相对旋转的粒子束和反粒子束而用于一台低能质子—反质子对撞机,但这种方案从未用过。那会毁了 LEAR 对外的实验所必需的洁净的反质子束流,定做的探测器会从 LEAR 储存的反质子束的边缘一点一点地啃些瓜果皮。为了不受周围实验干扰探测湮灭的过程,LEAR 借助一种有力的气体喷注,即一种致密的氢原子帘幕,这种主要成分是质子的喷注贯穿环流反质子的路径。它比任何环流质子束密度要大几百万倍,相应地提供了更高级的质子—反质子对撞。虽然气帘干扰了反质子的平静的环流,但它的确只在一个地方是这样,所引起的粒子束的波动可以被抹除。这些气体喷注需要复杂的技术,需要用超洁净氢在高压下通过 1 微米宽的小喷嘴来喷射。为保持环的高真空,扩大为占据约 1 平方厘米的精细的气体喷注必须在另一端被吸走。这种喷射非常有力,从喷嘴涌出的喷注达到超声速,每秒会喷出大约 10 万升。采用气体喷注的靶就是"喷注架"探测器,它是一个 2 米高的致密的高技术圆柱体。喷注架于 1990 年投入使用,当时LEAR 已运行了 8 年。

这个时候,CERN 不再是全世界在反质子上的垄断者了。在大西洋彼岸芝加哥附近的费米实验室,鲁比亚在 1976 年曾首先提出了反质子方案的地方,反质子也已添加到物理学菜单中了。在鲁比亚面前关闭大门后,费米实验室重新考虑了这件事,并于 1979 年开始推进它自己的反质子方案。得知 CERN 已经先开了头,鉴于有较高能量的束流这个优势,费米实验室选择了一个长期项目。其王牌是一台新机器,即太瓦质子加速器(Tevatron),它能把粒子束能量提高到 CERN 的两倍。费米实验室的质子—反质子对撞机 Tevatron 于 1985 年投入运行。它的伟大时刻是在 1995 年 3 月,当时发现了第 6 种夸克"顶夸克",这是迄今所发现的最重的夸克。它比第 5 种夸克重约 300 倍,难怪 PETRA 的电子与正电子总也观察不到它呢。

费米实验室虽没有与LEAR相当的设备,但是低能量精度的反质子实验能在储存环周围进行,宝贵的核反物质粒子在进入Tevatron之前就储存在那里。这些实验之一也要用到气体喷注靶。费米实验室的实验都分配了一个排了顺序的识别号码。气体喷注靶是E760。

1991年,CERN的SPS质子—反质子对撞机永久地关闭了,探测高能反质子的接力棒就传到了费米实验室。可CERN仍然有反质子工厂,现在它惟一的客户就是LEAR。LEAR一向生存在大型SPS质子—反质子对撞机的阴影里,她已经形成了一种自卑心理。LEAR的物理奖品陈列柜里几乎空无一物。由于研究经费紧缩,有一些担心在增长着,担心CERN的反质子源会永久性地关闭,组件会作为友好的礼物送给日本。如果LEAR能取得一项重大的研究成果,所虑之事就不会发生。

LEAR的一个专项是用反质子合成原子。所有反质子原子中最简单的就是反氢,只有一个反质子核和一个环绕的正电子。如果正电子能随着反质子环流而被引入LEAR环,那么反氢就能被制造出来。此时化学就会加入到反物质的镜像世界中来。LEAR的设计者就曾预见到了这种可能性。带负电荷的反质子由磁场引导,沿着LEAR正方形的角运动,由在直线边上的冷却装置使之滞留。如果有任何像反原子这样的中性粒子在这些直线部分之处形成,该粒子将不再感受弯曲磁场的拉力,且会从直线部分的末端飞离出去。LEAR的设计包括了在90°弯曲处的窗口,这样任何这种逃逸出来的中性粒子都可能由等在环外的探测器探测到。

且不说事先想到了的这一点,反原子逃出经过的那些孔也很快就堆满了其他仪器。虽然反粒子已成为日常的物理,可大多数物理学家对反化学却不感兴趣。这里强调的是含有反质子的其他种类的原子。作为带负电荷的粒子,反质子可以代替原子中的电子。由于反质子的重量比电子重约200倍,*这些奇异的原子看起来极不相同。"轨道"反质子经过原子核时离得很近,以前所未有的距离接近原子核的表面。由普通氦的两个轨道电子中的任一个换成一个反质子而形成的反质子氦,表现出了各种有趣的物理效应。而原子核会是反粒子的反氢,却被忽视了。

如何制造一个反原子

在斯坦福,美国理论物理学家布罗德斯基(Stanley Brodsky)在亚核粒子里面的夸克分布的问题上曾与来自智利的访问学者施密特(Ivan Schmidt)合作过。他们重新检查了一个带电粒子与一个原子发生电磁"反弹跳"的这种方式,认识到这些反应也能产生正负电子对。自从1932年布莱克特和奥基亚利尼的先驱性研究之后,正负电子对就成了物理实验的丰富的副产品。只要有辐射的高能光子转化为物质能量,就能观察到特征性的电子—正电子对立螺旋。如果带电粒子是反质子,而且一个产生的正电子的速度与反质子的速度非常接近,那么布罗德斯基和施密特猜测正电子和反质子可能结合在一起形成一个反氢原子。汽车司机经过一个步行者时的确没有太多的机会交谈,可两个彼此同行的城市出租车司机就能交换信息。目标是让正电子的速度与反质子的速度相匹配。通过细致的调节,甚至有可能"生产"反物质原子。

在提议一些人实际做实验之前,理论家布罗德斯基和施密特想计算出用这种方法能造多少反氢。也在斯坦福的原子物理学家芒格(Charles Munger),曾在附近的伯克利做过正电子产生的实验。得知布罗德斯基和施密特的建议之后,芒格推荐用气体喷注靶的方法代替质

---

* 系2000倍之误。——译者

子—反质子对撞。因怀疑计算所得的反氢的产生率可能低得令人失望,芒格还指出,从原则上讲,只观察少数几个反氢原子会相对容易一些。接着芒格带着这个想法去了费米实验室,在那里这个想法可以移植到原有的E760气体喷注项目中去。于是,这个新实验成了E862。他宣称的目标是:"我们打算检测第一批反氢原子。"

1992年7月,就在E862正在经过费米实验室审批的过程中,大约有80位专家会聚在慕尼黑的路德维希·马克西米利安(Ludwig Maximilian)大学讨论如何产生化学反物质的原子。虽然公众呼吁反化学,再加上关闭LEAR的威胁,CERN却没有这个方向的计划。可是,一些LEAR的物理学家出席了这次会议。在诺贝尔奖得主沃尔夫冈·保罗的演讲和一个反质子物理的概括评述之后,与会人员开始认真考虑手边正进行的真正的事情,即如何合成反氢。

参加慕尼黑反氢会议的还有3位CERN的专家,他们对LEAR的情况了如指掌。听了合成反氢的各种可能性后,沙内尔(Michel Chanel)、勒菲弗(Pierre Lefèvre)和默尔(Dieter Möhl)想起了LEAR的90°弯曲处能逃出中性粒子的那些窗口。他们想,或许喷注架一直就在用它的气体喷注靶制造反氢原子,只是没人留心去看而已。1993年,喷注架小组一起修理了几个一旁的探测器,并把它们堆在LEAR出口窗后面探测器的下游。正电子轻而易举地就能从反原子中分离出去并在第一个传感器上注册。以背对背的光子为特征的这种粒子的湮灭可以用敏感晶体检测到。剩下的核反质子会被一系列半导体传感器检测到。超过5米长的一系列传感器也会记录粒子出现的时间。这种"跑表"能把LEAR的反质子与其他粒子区分开来。用了两周时间,喷注架扫描了它的反质子,覆盖了很宽的能量范围。这次收集到了13对符合条件的粒子,其中只有1对伴有背对背的光子,显现出的正好是正电子的行为。这个小组兴高采烈,可只有单个反氢候选者还不够。第二年又重复了

图 12.3 低能反质子环(LEAR)。图中前景部分是用于使环流的反质子束弯曲的 90° 弧形磁铁。在背景中,在短而直的部分的后面,是 1995 年探测第一批反物质原子所用的简朴的仪器(CERN 提供)。

这个实验,可再也没有出现反氢。

　　1994 年 10 月,来自 42 人之多的喷注架小组的 16 位物理学家提出一个正式的建议,坚持要求做个单独的实验来生产反氢。大多数物理学家来自德国的 3 个研究所,于利希(包括实验的发言人奥尔勒特)、达姆斯塔特德国重离子研究协会(GSI)实验室和埃朗根–纽伦堡(Erlan-gen-Nürnberg)大学。由马克里(Mario Macri)领导的来自热那亚大学和核物理研究所的一个 4 人小组负责最重要的气体喷注。为完成这个实验,就意味着要建造额外的探测器,并安装在 LEAR 出口窗的内侧和外侧,而且 LEAR 的管道也必须进行改装。可是 LEAR 的反质子项目有许多竞争对手,这个实验必须尽快进行。为增加电子—正电子的产生率,该小组提出气体喷注向迎面而来的反质子路径上喷射一种比氢重的气体。他们最初提议用氮或氩,可只经过几天的启动运行,他们就选用了超重的氙。1995年2月,这个要求适度的实验被正式开了绿灯,新探测器组件匆忙安装好之后,在下一个夏季就开始了运行。其余的故事已在第一章讲过了。

很少有其他科学发现曾引起如此众多媒体进行如此迅速的报道。可是,CERN的大多数粒子物理学家对这种公众的兴趣颇为冷淡,不予理睬。反氢的合成只是证明了他们早已知道的东西。他们说,反化学的初次露面只是"报纸实验"。1996年末,就在反氢产生轰动效应的一年之后,刽子手的斧头落下来,低能反质子环LEAR被永久地关闭了。在12年的生涯中,它处理了大约10^{14}个反质子。可是,如果把这些反粒子放在一起,也只有2×10^{-10}克那么重。所有这些反质子湮灭释放的总能量为40焦耳,只能让低压灯泡亮一秒钟。

然而,所有东西并没失去。为保持一个反物质的立足点,CERN调整了反物质工厂的一个环,以保持欧洲能一直得到反质子。奥尔勒特的突破只是反物质的一个新片预映。虽然实验这么"热",但反质子和正电子设法结合而形成反氢后却只能存在4×10^{-8}秒。只有等到反氢原子能存留足够长的时间,使得正电子有时间自在地沿反氢能级下降之时,真正的工作才能开始进行。只有那时才能对氢和反氢进行比较。在CERN和费米实验室进行的新实验是要努力保存反物质并仔细地检测它。从这种对反物质的珍贵研究中,将会出现最能揭示真相的东西:反物质是否与普通物质的行为相似呢? 在引力作用下情况如何? 反原子的谱与原子的是否相同? 两者的任何差别,都会有助于解释为什么反物质在我们的宇宙中丢失了。

第十三章

反物质在战斗

　　理解科学是件难事，要通过原创性研究发展科学更是难上加难，在克劳斯(Lawrence Krauss)的畅销书《星际迷航之物理学》(*The Physics of Star Trek*)的前言中，霍金说，科幻小说具有一个重要意义，即激发人们的想象力。霍金说："科幻小说提出的想法被科学家在他们的理论中体现出来，可有时从科学上得出的概念比任何科幻小说都要奇妙。"反物质就是这样的概念，而且还在不断地激发科幻小说作家们的想象力。反物质对星际迷航的美国船只"企业号"的运行是决定性的，要没有反物质，就没有星际迷航。没有损害这个团体，克劳斯从《星际迷航》这部以反物质为燃料的科幻作品中挑出了许多科学方面的漏洞。可有时，反物质也引燃了科学家自身的想象力。

星球大战

　　在1983年3月23日的电视讲话中，当时的美国总统里根(Ronald Reagan)宣布了美国武器发展的新时代的到来，这将通过让核弹"不起作用和废弃"的手段，从而"使世界免受核战争的威胁"。到那年年底，美国国防部在"战略防御计划(SDI)"这个保护伞下，由空军中将亚伯拉罕森(James A.Abrahamson)领头,成立了持续进行武器研究与开发工作的组织。其目标是个令人费解的超级复杂武器系统,用于把从苏联军事基地数以万计的导弹中发射的入射弹道导弹在它们到达目标之前将其击落。传感器屏幕一直高高地设置在卫星上,将对苏联火箭从导弹库或潜水艇上发射的那一刻起对其进行探测并跟踪其进程。一旦作出进行拦截的决定,一个精巧的假目标的屏蔽将迷惑入射导弹的计算机,而同时新的"聪明"武器将搜寻到这些导弹并击毁它们。即使射来的导弹发射的是散射的弹头,也能被一举消灭。在复杂得难以想象的系统中,战斗岗位将环绕地球,永远处于一种迎战21世纪激光武器的状态。它将是一种任天堂录像游戏的真实翻版,而且美国吹嘘说它必定百战百胜。

虽然白宫不断要求使用正式的SDI标签,但在这个未来学纲要背后的想象很快就使得媒体将其冠以"星球大战"之名。这取自1977年卢卡斯(George Lucas)的影片,其中以太空飞人卢克(Luke)("愿原力与你同在")为首的正义之师与受维达(Darth Vader)指使的一群邪恶的武士对抗。亚伯拉汉森中将及其麾下马上变成了"星球武士"。初期拨款约260亿美元,并与TRW公司、洛克希德(Lockheed)公司、通用电器公司、罗克韦尔(Rockwell)公司、波音公司、格鲁曼(Grumman)公司、休斯公司和马丁·马丽埃塔(Martin Marietta)公司等大承包商签订了令人垂涎的合同。其中的许多公司成立了专门的SDI部或任命专门的副总裁监督这个赚钱的新路子。

这是美国赤字支出中令人感到安慰的一些日子。随着一波又一波的债券被狂热的市场争购一空,巨额财政超支被信心十足地签字批准。由于经费的注入,星球大战计划变得更加大胆。对星球大战的监视系统而言,苏联的弹道导弹与以光速运动的激光束相比就显得沉重而缓慢。空载阵列中的新X射线激光器只能由核爆炸来触发,从而启动主发射激光腔,并依次施放许多更小的圆柱。当然,核爆炸会摧毁母体武器,可是到这种情况发生之时,一系列镜子和激光发射枪就会将 X 射线致命的光束义无反顾地指向它们所选定的目标。

苏联的洲际弹道导弹一旦发射到地球大气层的屏蔽之外,它们就将暴露而被来自强有力的亚核粒子束攻击。为避免在环绕地球的磁场中发生无规则的迂回曲折,这些带电粒子束在离开粒子枪之前要先通过电中性的"消声器"。补充防御装置的阵列是巨型超级大炮发出的微小而灵活的炮弹,它上面载有的电子学线路能使之自动寻的击中靶子。这些大炮将是新式"轨道炮",用电磁能代替了化学爆炸,发射的炮弹速度为 11 千米每秒,比来复枪的子弹快 10 倍。在这种速度之下,即使是塑料子弹也能穿透 1 英寸(约 2.5 厘米)厚的钢板。一门设计充分的快速发射轨道炮在几分之一秒内就能发射 10 发炮弹,可点燃它们却要用 2.5 吉瓦(1 吉瓦=10^9 瓦)的电能,足够一座城市的用电量。

因此,星球大战的一项重要要求就是需要稳定而灵活的空载能源来驱动这种系统。要对付一系列假目标警戒状态,常规电池很快就会耗尽。虽然在卫星上已配备了小型反应堆,但是大型空载核能源为了辐射防护而耗资过大。因此,工程人员的想象力转向了可能的新的动力源,他们雄心勃勃的行动目标和十足的冒险就是与该计划的其余部分协调一致。

与星球大战并行,美国另一项巨大的物理工程也同时在筹备。自从鲁比亚 1983 年在 CERN 的质子—反质子对撞机上发现了新的 W 粒子和 Z 粒子并轻易赢得诺贝尔奖之后,一些美国物理学家感到不痛快。在吸收了第二次世界大战前积压的一些发现之后,诺贝尔物理学奖一直由美国的研究者们占据着。1984 年,欧洲的研究者突然又出现在获奖名册上。大西洋彼岸的突然成功,使一些习惯于他们自己的方式的美国物理学家感到尴尬和丢脸。当时 CERN 也正在准备建造新的 27 千米长的正负电子对撞环,用于下一代和平物理实验。美国可没有这么大的机器。因受刺激而采取行动,美国开始筹划一个巨大的87千米的环来加速质子束,并使之以全世界最高的能量来进行对撞。这么大的机器必须建在地价便宜且没有障碍物的地方。最初非正式地称其为"Desertron",可最后正式命名为"超导超级对撞机",其拥护者宣称它"反映了美国高能物理学界无所不能的壮志"。受民族自豪感的推进,这项工程放到了前面。它将成为美国科学的旗舰,创造就业机会并推进全国科学教育计划。它还将为星球大战计划提供训练有素的精英。

常识表明:这个87千米的机器应建在伊利诺伊的费米实验室,那里现有的6千米环能作为一个很好的注入器,使超级对撞机的质子在进入87千米环绕轨道运行之前能进行初始推动加速。可常识并不一定占上风。不久,超导超级对撞机就成了美国"政治分肥"的牺牲品,各州竞相要给它提供安身之处。年轻且缺乏文化的得克萨斯州承诺提供大笔资金,1988年选定在那里安置这个巨大的新机器。

受这个大工程的影响,20世纪80年代美国物理学的气氛激动而狂热。想象力有自由的空间,资金也很充裕。就是在这种令人兴奋的气氛中,美国空军于1987年4月和10月先后在加利福尼亚的圣莫尼卡的兰德公司智囊团中出资主办了两个反物质技术专题讨论会。兰德是研究与开发的缩写,兰德公司成立于20世纪40年代末期,是为美国空军后勤政策提建议而设的。后来,这个角色扩展为在更大范围的问题上从总体上为政府做参谋,而防御问题一贯列在兰德议事日程的重要位置。反物质能满足星球大战的能量大胃口吗? 看起来资金不会有障碍。星球大战所要克服的问题越困难,获得的资金就会越多,直到其最终了结。

从理论上讲,反物质是终极的能源。能量可以包在一块燃料中或是保存在一种像弹簧或者电池这样的器械中成为潜在的动力。在使用前,能量必须从一种形式转化为另一种形式。汽车使用刹车装置时,在制动器摩擦轮子时汽车运动的能量就转化为热。使一辆时速50千米的汽车停下来产生的热量足以煮好一杯茶。动能与由它产生的热量之比是确定的,即机械能与热能相当。能量的所有形式都可以相互转换,而且每一种这种过程都有固定的能量"转换率"。爱因斯坦相对论的重要贡献就是表达了这样的思想,即质量——物质的存在——本身就是能量的一种形式。能量 E 与质量 m 之间的交换率由公式 $E = mc^2$ 给出,其中 m 是质量,c 是光速。光传播得很快,为 3×10^8 千米每秒(即光每秒钟所走过的距离大约是地球周长的7倍)。这是个相当大的数值,因此把自由能量转换为内在的质量就非常困难。可是,在相反的方向上,即使是释放微量的质量也能产生许多能量。在聚变或是裂变核弹中,只有千分之几的质量被转变为能量,可那就足以从空中摧毁广岛这个城市或是从底下震撼墨罗拉环礁。

所有能源都需要某种燃料,即用于消耗的原材料。这种消耗既可以是化学燃烧的形式,即燃料与氧结合;也可以是核"燃烧",即重而不稳定的核被转变成轻且更稳定的核。在核反应中,剩余的质量被释放为 $E = mc^2$ 的能量。能源的另一个特点是,燃料消耗过程结束后会留下残留物:灰、废气或是核废料。不论能量产生过程功过如何,所剩下的残留物通常是不受欢迎的,而且还会带来污染问题。

可是,反物质却为一个最终的、完全洁净的能源提供了一种可能性,自从狄拉克指出反物质是相对论方程的自然结果之后,这就成了激发科学家想象力的一个梦想。一旦物质和反物质湮灭,它们的所有质量就都可被转变为能量。有几分热就发几分光,一颗反物质炸弹会比热核武器的威力大几千倍,这是真正永不枯竭的能源。如果这种能量的释放能加以控制,那只用几克反物质就能提供使一个城市支撑几个小时的能量。另外,湮灭过程可以百分之百地变成纯能量而不留

"灰烬"。

反物质虽能提供完美的燃料,但它也是最难获得的。没有免费的燃料,矿物必须从地下开采,处理并运送到所需要的地方。可却没有能从地下挖出原料的反物质"矿山"。反物质燃料的每个原子首先必须被制造。提供这个能量与反物质燃料最终产生的能量都受 $E = mc^2$ 这同一个方程支配。产生的能量不会比投入的多。假定反质子是当高能粒子束打击靶并产生新粒子时的这些粒子中的惟一一种,那么许多 $E = mc^2$ 的能量损失为不想要的普通物质的粒子。高能粒子束不能被"调节"为只产生反粒子,必须将100万个质子加速并射入靶中才能平均产生1个有用的反质子。在CERN,一年中产生的所有反质子也只能供一个100瓦的灯泡亮3秒钟!按照产生高能质子束并储存起来所投入的能量计算,反物质能量产生过程的效率是0.000 000 01%。即使是蒸汽机也比这效率高几百万倍!

可能有另一种办法能利用反物质的能量。如果将一滴水放在沸腾热物表面上,它很快就蒸发了,并发出响亮的嘶嘶声。在放第二滴水之前提高该表面的温度,就引起第二滴水剧烈地劈啪作响,蒸发得几乎接近于爆炸。可是,把水滴放在红热的表面时它却能静静地呆在那里,在慢慢蒸发的同时可能从一侧慢慢地向另一侧振动。这种看起来似是而非的行为称为莱登弗罗斯特(Leidenfrost)效应,是那位德国医生在19世纪发现的。这是由于一个蒸汽薄层把水滴和下面极热的温度隔离开而产生的。降低板的温度,蒸汽层就变薄了,这就减小了水滴与热板的隔离。在某个温度时,蒸汽就不再隔绝水滴,水滴就爆炸开了。这种情况的寓意在于,对强大的潜在能源,一层最初反应产物将隔离剩余的能源,并防止它进行反应。对反物质,物质与反物质间初次接触产生的辐射将作为一个垫层而起作用,防护其余的反物质。

可是,在星球大战那令人兴奋的日子里,人们不想听这种悲观的论调。只要有足够的资金,从原则上讲反物质电池就能放入轨道去驱动星球大战系统。美国空军想要的是创意而不是警告。没有清规戒律来约束,天空才是极限。一个直接的结果是,ARIES(能源储备应用研究)工程1986年在加利福尼亚爱德华空军基地的空军火箭推进实验室设立。第二年,大约80名科学家参加了美国空军资助的兰德公司的反物质技术专题讨论会。引起的报告是建议建造一个美国的反质子源。兰德的一位物理学家兼会议的组织者奥根斯坦(Bruno Augenstein)说,专题讨论会的结果"表明我们在反物质的基础科学及其实际应用这两方面都处于重大进展的临界点上。这次专题讨论会的与会者强烈要求国家一直支持它"。

上述报告要求初步设计和可行性实验为全面的反物质推进系统铺平道路。由物质—反物质湮灭释放的巨大能量可以提供新的推进系统,可是该报告也补充说,这必须要等到可以获得毫克量级的反物质的时候才行。然而,不论如何应用,处理反物质都需要特别的陷阱,它被用来把宝贵的反物质从生产中心运送到实验室,以便进行下一阶段的研究。这些反物质储存装置的开发被看作是"事关成败的工具"。

正当这些项目被和谐地结合起来之时,世界政治风云突变得面目全非。1989年柏林墙被推倒了。在两年之内苏联也自我解体了。几乎在历史的一夜之间,半个世纪的冷战已不复存在。星球大战变得毫无意义,曾强调大规模研究推进的主要动机也泯灭了。对于超导超级对撞机而言,第二次世界大战原子弹的制造者、粒子物理学的传统教父们,要么去世要么失势。在财政方面,所积累的巨额美国预算赤字不能再被扫到财政地毯的下面,财政刹车也必须马上实施。迫于这种钳形运动,星球大战计划偃旗息鼓了,超导超级对撞机也于1993年停工,在达拉斯南部沃克西哈奇附近23千米的隧道被废弃。许多科学事业看来就要毁于一旦,而复杂的数学技巧很快就成了精明的投资基金经理

图 13.1 位于得克萨斯州沃克西哈奇附近的 87 千米的美国超导超级对撞机 (SSC)是世界上最大的科学设施。这张 1991 年拍摄的鸟瞰照片所示的是实验大厅,有足球场那么大,建在正被建造中的隧道上面,用于容纳这个超级对撞机。1993 年这台机器的修建突然取消了,留下了 23 千米长的空隧道(SSC 提供)。

们争抢的东西,他们正在寻找能用计算机预测来赢得市场的专家。在 1985 年,还没什么人能预测柏林墙会在 80 年代末之前推倒,也许,星球大战和 20 世纪 80 年代的其他美国科学上的令人眼花缭乱的动作,有助于实现一个目标而无须任何人去按一个按钮。美国科学和技术的实践知识的威胁,对削弱苏联的信心和加速过时体制的崩溃肯定是有影响的。

来自反粒子的绘景

随着星球大战计划被埋进垃圾堆,反物质物理学也进入了一个缓慢而更加现实的轨道。开发反物质引擎的计划被束之高阁,而反质子和正电子则成了例行物理实验的惯用手段。由于它们的帮助,发现了一些新粒子,已知粒子的性质被仔细地记录下来了。而同时,反粒子被驯服而另有所用,这次是用于医学和材料科学,制作更精致的放射照片从而使得不可见的东西变成可见的。

成像的历史始于1895年11月8日下午,当时德国维尔兹堡大学的物理学教授伦琴正在准备一个实验,即把高压加在真空管上。伦琴已听说其他研究者报告过高压放电(即阴极射线)如何通过不同的物质,因而打算亲自看一看。他用厚黑纸包住他的阴极射线管,并把屋子弄暗且接通了电压。突然,他惊讶地发现在房间另一头的一个荧光屏开始发光。某种射线正透过黑纸而使荧光屏发光。伦琴试着在阴极射线管和荧光屏之间放了另一个障碍物,他惊讶地在屏上看到了手中骨骼的像。他称之为X射线的这种辐射能被骨骼挡住,却能轻易透过周围的肌肉。这种射线本身是不可见的,却能影响敏感的荧光屏或一个照相底板并产生一个像。

不到一年,伦琴的偶然发现就被用在了医学上,用它看骨折,或在牙科上用它寻找牙洞。在以后的70年中,X射线技术还像伦琴发现时那样是一项基本技术,一个阴极射线管产生X射线并用照相底板把像记录下来。1972年,发明了一种新技术,即计算机辅助X线体层照相术(CAT),"T——Tomography"这个单词来自希腊的"tomos"一词,意思为切片。这使整个医学成像领域发生了革命性的变化。不再像常规的X射线照相那样记录一个平面像,CAT摄像机是围绕病人转动。根据记录下来的信息,计算机重构一个病人身体的水平切片像。每次旋转给出一个不同的水平切片的重建,根据这一系列切片再构建一个3维的图像。

与X射线一样,医学上也发现了放射性示踪物的用处,同位素聚集在某个器官中,当用适当的探测器或摄像机观察时,其放射性则呈现一个清晰的像。这些技术——"核医学"补充了通过X射线所得到的信息。示踪物发出的辐射给出了大脑和心脏的精确的像。

1932年发现正电子之后不久，约里奥和伊雷娜·居里夫妇发现了新的放射性物质，这种物质发射正电子而不发射电子。通常在不稳定的中子衰变成质子时，放射性衰变产生电子。得到的质子的正电荷与发射出的电子的负电荷相平衡。可是在少数情况下，如果能获得一个额外的中子，原子核也很乐意，一个核质子因此就能转化为一个中子并发射一个正电子。直到20世纪50年代初期，这些同位素还始终是物理学珍奇，当时的医学研究者认识到，正电子发射能在射线照相中提供有趣的新的可能性。

正电子发射示踪物以与其他形式的放射性标记不同的方式起作用。不是发射的粒子被等候着的探测器拾取，而是反粒子迅速地与原生部位原子中的电子湮灭。发生这种情况时，由电子和正电子的总质量产生的湮灭能量转化为两束高能辐射，即γ射线。而且，这两束γ射线必须是背对背出现，以便平衡总动量。如果能拾取到这两束γ射线，它们会指向背对湮灭发生之处。示踪物位置的图像可以是逐点构成的，甚至用不着X线体层照相术。

让像产生得快一些，这种技术所需的示踪物就会更少一些，而且也会相应地减少病人所受的辐射。似乎是为了强调这种方法的潜在用途，大自然周到地提供了氧、氟、氮和碳的正电子发射同位素，其寿命长得足以使示踪物进入病人身体，又便于控制曝光的时间。

主要的障碍就是研制记录γ射线的合适的摄像机，在第一批商用装置变得可行之前，推进这项工作用了近30年的时间，主要是完善用于物理实验室做实验的γ射线探测器。具备了必要的技术可用性，正电子发射层析术（PET）变成了一种医学标准，还被材料科学中的远程成像所采纳，比如，它可以通过引擎跟踪油的流程。最主要的困难在于不

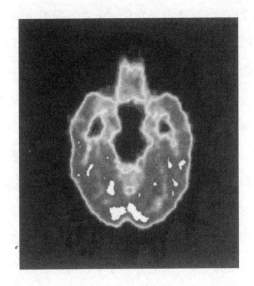

图13.2　人脑的一幅正电子发射层析术（PET）照片。在注射了富含正电子的示踪物之后，正电子进入患者的头部，接着正电子与脑中原子内的电子的湮灭揭示出了脑的结构。PET能帮助揭示与癫痫有关的脑中枢的情况，诊断像阿尔茨海默病和帕金森病这种变性疾病〔英国布鲁内尔大学与MRC的麦克克梅（Adrian Mcke-mey）摄〕。

稳定的正电子发射同位素的获得，这只能就近制造，可至今全世界约有150个中心装备了PET扫描机。其应用包括肿瘤检查、癫痫病人的发作病灶定位、对其他神经问题的研究，以及在做心脏手术前进行组织活性评估。PET扫描机能提供透彻的信息，往往能避免不必要的"盲目的"手术诊断。医学治疗之后，甚至在生物学迹象变得明显之前，就可以通过PET扫描机观察生物化学结果。

　　PET使得跟踪活体中的单个生物化学吸收成为可能。在有PET之前，这种研究只能通过给动物注射来进行，经过一段时间后被注射过的动物就会死去，然后冷冻并切片。在一定时间范围内重复这个过程，使研究人员能够跟踪物质是如何被吸收的，最终得到一个总体的生物学"模型"，该模型只有有限的主观用处。

每当强有力的粒子束击中靶时,就会引起靶中的原子的严重破坏。可是这种破坏的力量却可以用到好的地方。各种粒子束越来越多地被当作精确的"手术刀",来辐照并破坏身体内部的肿瘤,或是位于像头部或眼睛这种传统手术不易达到之处内的肿瘤。精心设计的粒子束可以通过周围组织而只攻击所定位的肿瘤。使用像碳这种选定的原子核的粒子束,体内的核反应会产生它们自身的正电子发射同位素。借助一台PET摄像机,可得到辐照产生的粒子束如何摧毁肿瘤的像。

可在脑研究中,PET起到了一种特殊的作用。在神经病学中,PET能帮助揭示与癫痫有关的脑中枢的情况,诊断像阿尔茨海默病和帕金森病这种变性疾病。在健康的大脑中,不同化合物的生化效应使得PET能在不同的中枢被外部刺激激活时检测血流中微小的变化。负责语言、视觉、运动、颜色、记忆甚至疼痛的中枢都已经能被识别。反物质已有助于深化我们对意识本身的理解。

精巧的技术也已发展为用低能正电子以及它们与物质的湮灭来研究表面的结构和更深的纵剖面。在欧洲、美国和日本的几个实验室,已经研制了用于这项工作的高强度的正电子枪。

第十四章

极大引力的反物质

美具有对称性。不论是容貌还是建筑,极美的形象都是极其对称、极其完美的。对于美丽的脸,任何看得见的不对称都是一种马上就能让人感觉到的瑕疵。世界上最伟大的建筑成就之一是印度阿格拉的泰姬陵(Taj Mahal)。这个巨大的建筑物用了一支大约2万民工的队伍历时30年才建成,是莫卧儿帝国皇帝沙阿·贾汉(Shah Jahan)为他的爱妃芒蒙塔兹·玛哈尔(Mumtaz Mahal)修建的纪念堂,他的爱妃于1631年生下她的第14个孩子之后去世。

从远处望去,泰姬陵的壮丽令人叹为观止。没有哪位参观者不为其宏伟和美丽而折服。每个屋顶和塔顶都不折不扣地平衡。可是,这个巨大的纪念堂还有另一个维度,这正是其设计的高明之处,也同样能给人留下深刻印象。沿着圣陵步行,在近处观瞻者会因建筑的巨大而相形见绌,并且无法再欣赏它的对称性。似乎是对此损失的补偿,观瞻者又会被大理石装饰的墙面上许多复杂的镶嵌作品而吸引,这一出色设计在大尺度和小尺度这两个方面都是美的杰作。它具有大尺度和小尺度的两种对称,后者对前者又做了许多细节的补充。只要缺少一种,另一种也将不复存在。对这个纪念堂来说,每一种都让人印象深刻,也同样重要。

图14.1 完美的对称——泰姬陵（弗拉泽摄）。

泰姬陵具有完美的对称性，每个细节都是左右平衡的。泰姬陵的主体建筑的镜像实际上与实物难以区分。惟一的线索只能来自在外墙低处精心雕刻的《古兰经》的诗句，它严格遵守从右向左（阿拉伯语中就是这样）的写法而没有改变，这不能相互平衡。在泰姬陵的前面，一个长长的水池映照出这座建筑的竖直的倒影，更是平添了几分对称性。与圣陵的主体一样，令人眼花缭乱的周围环境也是对称的，布满景致的园林显示出一派完美平衡的景色。在圣陵的每一侧都有两个小一些的标志性建筑，一个从东面向圣陵，另一个从西面向圣陵。西边的那个是清真寺。对信徒来说一个清真寺就够用了，它的镜像没有其他用处，只是西边这个清真寺的视觉上的平衡物而已。

世界上最伟大建筑之一的完美然而不过是外观上的这种对称性，反映了我们的宇宙作为一个整体在不同层次上的对称性。在大约150

亿年之前,一个热而致密的量子小点喷发物质形成了一个能量火球,即大爆炸使宇宙创生以来,这些对称性就显示出来了。宇宙中的所有原初物质都来自这次大激变,而且,为了平衡,大爆炸亦创造了同样多的物质和反物质。大爆炸应该是物质—反物质对称的。可是,在我们周围可见的宇宙却几乎没有显现这种原初反物质的痕迹。和泰姬陵的宏伟计划一样,也许反物质的存在是保证总体外观的对称性,而这一点,我们的视点却难以企及。

失踪的反物质

宇宙起源于一次大爆炸的这种观点是在20世纪20年代至30年代形成的,可最初并没有引起所有科学家的注意。很多人信奉"稳恒态"的绘景,认为宇宙一直存在而且还会继续存在,新物质随时都在产生,就像水从水龙头缓缓流出来那样。反物质之父狄拉克在1933年12月12日作诺贝尔奖获奖演说,并提出宇宙可能包含物质和我们所不知道的反物质(参见第四章)时,他可能还不太知道最终形成大爆炸绘景的是什么。

如果狄拉克是正确的,整个宇宙就应该是物质和反物质的均匀混合。在某处也许物质比反物质多一些,或是反之亦然,可总体上宇宙的这两半应该是均衡的。这种反物质在哪里呢?当然地球上没有储存反物质,甚至在太阳系中也没有,否则我们就应该看到它与普通物质相遇时的壮景。在太阳系的中心,太阳不断地把氢燃烧变成氦,放出稳定的粒子流,即"太阳风"。如果太阳风在途中遇上任何反物质,就应该有因物质—反物质湮灭而发出的明亮的闪光。

宇宙中有发光的恒星和星系,也充满不发光的宇宙尘埃。这些材料中有一些是尚未利用过的,它们需要找恒星为家,一些则来自已爆炸的古老恒星,爆炸的尘埃被抛入太空深处。恒星是通过热核聚变而燃烧的,在轻核聚变成重核时放出能量,恒星就发光。(在太阳内部的深处,一些正电子确实存在过,而且可能在其他恒星深处也有过,在那里它们在质子的热核聚变中形成,这是形成太阳能的第一步。参见第五章。)每一种热核过程完成时就开始一种新的过程,直到最后所有热核过程都完成。核燃料耗尽后,恒星不能再抗拒自身引力的挤压而开始崩溃。可是,到恒星物质不能再压缩时,这种引力坍缩最终就达到了一个极限。超致密的恒星残留物此时就像是被捏紧的橡胶球那样又弹回来,通过强烈的"超新星"爆发,把恒星残余物远远地抛入太空。

不论最初是什么,原初物质或者恒星灰、宇宙尘从来就不均匀,而且在引力牵引下一缕缕地慢慢汇集到一起,密度大的地区积聚的尘埃就多一些。最后,足够多的物质聚在一起就能点亮一颗新的恒星。在地球上,这种灰尘被看作宇宙线,在快速穿过宇宙的磁场时,带电的亚原子粒子被加速到极高的能量。在浩瀚的太空中旅行数光年之后,一些额外的地球粒子碎裂成地球大气层相对密的上层,产生新粒子级联并簇射到地球表面。在探测器中记录下这些宇宙级联簇射,物理学家们发现了在地球上从未见过的新类型粒子,例如正电子和K介子。

如果宇宙包含反物质,那么宇宙线应该也包括反粒子。像正电子这样轻的反粒子在宇宙线中是常见的。而这些轻的反粒子往往来自当原始宇宙线粒子与大气层气体或星际尘埃碰撞时的能量弥散产生的粒子—反粒子对。它们未必是原始的宇宙反物质。窥视我们银河系中心的星载探测器已发现了正电子的"源",可是这可以解释为强烈的宇宙过程所发出的大量辐射,这些辐射能轻而易举地生成正负电子对。没有任何其他种类的反粒子的源。

任何反物质恒星理应包含反核,我们所知道的原子核的镜像,都是由反质子和反中子构成的。一旦这种恒星在超新星爆发中死去,它们的反核混合物就被抛入太空。可到达地球表面的宇宙线,甚至是在上层大气中的宇宙线,却并未显示出有比反质子更重的反物质的任何迹象。大爆炸的所有反物质到哪里去了呢?

如果我们观察不到任何反物质,也许这是由于物质和反物质分别在各自的领地。我们所认识的宇宙是个物质的领地。也许在其他什么地方有个相应的反物质领地,即一个反领地。这些镜像宇宙也许已经彼此失去联系而各行其是了。可即便如此,在大爆炸后它们产生之时也应该有过联系。不论是在哪里、在什么时候,只要领地与反领地的边界曾有过短暂的接触,一些物质和反物质就会彼此湮灭而突然强有力地迸发出辐射能,即物理学家所说的γ射线。后来随着宇宙冷却下来,这些γ射线也冷却下来并在整个天空产生暗淡而均匀的γ射线信号。只要知道在最初的物质—反物质相遇时所释放的能量,物理学家就可以估算出这样一个信号在150亿年后应该是什么样子。

1991年,大西洋号太空船将γ射线天文台(GRO)这个新的"眼睛"送入了天空轨道。物理学家能在地球大气层这层帘幕之上观测宇宙γ射线。γ射线天文学实际上在1967年就诞生了,当时,美国的"间谍"卫星维拉(Vela)被部署去寻找泄露苏联核爆炸秘密的γ射线暴。维拉观测到了γ射线暴,可不是来自地球,却是来自外层空间。GRO从它有利的位置,在微弱而均匀的γ射线背景上清楚地观测到这些爆发。这些爆发比微弱的背景更吸引人,可是,物理学家发现这些背景比原始的大规模的物质—反物质湮灭产生的结果更微弱。现在的γ射线背景并没有迹象表明曾在一个大的尺度上发生过物质—反物质湮灭过程。

微波图案

也许物质领地和反物质领地从未彼此接触过? 当它们在大爆炸中

形成之后,物质和反物质被原始爆炸的力量吹散而立即分道扬镳。在这种情况下,宇宙分立的物质领地和反物质领地会被宇宙中广漠的虚空分开。可是这种不调和的宇宙应该有种特殊的标记。

在大爆炸之后仅仅几分之一秒,宇宙汤冷却得足以使夸克结合在一起,形成像质子和中子这样的粒子,并使反夸克结合在一起形成反质子和反中子。在大约又过了100秒之后,这些核粒子冷却得足以形成像氦和反氦这样的轻核。

30万年以后,发生了两件事(30万年听起来很长,可实际上与宇宙存在的150亿年相比,就相当于一年里的几分钟)。宇宙汤冷却得可以使电子与质子或其他轻核结合在一起,形成第一批原子。在反物质区域,正电子会与轻的反核结合而形成化学反物质的原子。由于辐射不再被宇宙物质所吸收,宇宙突然变得透明而且"有光"。炫目的宇宙的闪光标志着原子物质的到来。随着宇宙的膨胀,闪光在继续变冷,最终变成微弱的微波微光。1965年,这种微光被新泽西州贝尔实验室的彭齐亚斯(Arno Penzias)和威尔逊(Robert Wilson)探测到了。在改进灵敏的天线以拾取来自新的通信卫星的信号时,彭齐亚斯和威尔逊不时地被烦人的嘶嘶声所困扰,最初他们认为这是干扰。他们贸然地企图把嘶嘶声消除掉,结果却没有做到,最后得出结论:这是一种来自宇宙深处的信号,是太空自身的一种特性。这种宇宙背景辐射是大爆炸最后的声息。彭齐亚斯和威尔逊的发现表明,大爆炸理论处于正确的轨道上,而像稳恒态理论之类的其他思想则不是正路。

宇宙背景辐射充满整个太空而且极及平滑。然而,它不可能绝对地平滑,这是因为产生它的宇宙也不是绝对平滑的。霍金等物理学家指出,宇宙背景辐射应该反映大约150亿年前时宇宙的结构。物质(以及反物质)的这些不规则是引力的种子,它们发展为我们现在所看到的银河结构。

20世纪80年代初期,为寻找引力演变的这些种子,由美国国家航空航天局(NASA)的马瑟(John Mather)领导的一个小组,提出了在太空船上搭载宇宙背景探测器(COBE)卫星的设想。1986年"挑战者号"的灾难使这项计划暂时停了下来,COBE也匆忙地重新设计,使之适合常规的火箭,并于1990年进入轨道。1992年,COBE及时地发现了宇宙背景辐射的脉动。这个只有1度的百万分之三十的微小的温度闪烁,提供了原始宇宙的第一张天体图。在后来描绘演化的宇宙时,这种微小的图案对引力的画笔起了引导作用。后来用其他仪器证实和扩充了COBE的发现。

宇宙学家现在应该去理解,这种微小的种子是如何演化成我们现在所见到的银河的。可有一件事已经清楚了。如果最初的宇宙普遍含有分开的物质集团和反物质集团,那么就会在宇宙背景辐射中留下其痕迹。COBE观察到了这种微小的脉动,其他探测器并不适合于观测自大爆炸后马上就分道扬镳的物质和反物质各自的领地。所有原始的反物质与物质接触并因此湮灭就是这样被揭示的。湮灭理应是不可避免的,可产生的宇宙辐射却没有显示出任何迹象。我们所能看到的宇宙,看起来从来就没有过核反物质。

引力能拉也能推

反物质为什么会变得不相干了呢?在第八章中我们看到了微妙的不对称性在夸克层次上是如何发挥作用的,这可能有助于反物质从产生之时的侵蚀。另一个未决犯可能是引力。把这些机制结合在一起,可能保证了反物质对称性在很大程度上对我们宇宙而言是一个空洞概念,就像泰姬陵的那个"镜像"清真寺只是为了保持那个伟大设计的对称性而别无他用一样。

整个宇宙的进化，一直是并且仍将是由无所不在的引力所控制，而且引力最终会确定其命运。我们最了解的引力是一种拉力。在17世纪，牛顿认识到，所有有质量物体彼此之间都互施引力拉力，作用时相当于所有质量都集中在其"重心"。在这种无情的吸引力作用下，苹果从树上落下来，而恒星则被锁定在它们不变的轨道上。这两种颇为不同的效应只是同一种力的不同表现，牛顿的这种认识是理解上的一个重大突破。1916年，爱因斯坦的广义相对论又迈出了更大的一步。爱因斯坦解释说，物质会使其周围的空间和时间变形，就像是把一个很重的东西放在橡胶薄板中心出现的情况那样。较轻的东西放在板的其他地方产生它自己的凹陷，却会因薄板的下陷而滑向较重的东西。爱因斯坦说，同样，质量会沿最小阻力路径通过由质量大的物体引起变形的空间和时间。引力这种神秘的"力"只是空间和时间的几何。周围没有物质则空间和时间会是平坦的，一个假设的"试验"粒子不滚到其他地方，那么那儿就没有引力。

反引力这种反物质的质量之间的引力也应该是吸引力，可这只能由一位反伽利略收集一些反物质并在反比萨的斜反塔上做实验来证实。反质子源的新实验将不得不通过在普通地球引力作用下努力测量反物质如何行事来自我满足（参见第十一章）。如果反物质"向上落"，最初这看起来将会是不可思议的。而引力作为一个推力把物体强烈地彼此推开，这却不会是第一个例子。引力也有它的第二副面孔，它不如日常的拉力熟悉，但从总体来说它对宇宙的重要性却并不逊色。引力也可以是排斥力，而且没有这种推动宇宙就不会存在。

空间和时间从来就不是空的。即使在宇宙创生之前，存在的维度也随着暂态粒子—反粒子对的短暂的闪光而充满了量子闪烁，临时地弥补了能量的不足以支持它们的存在。大多数闪烁消失得无影无踪，可至少有一种情况例外，这就是大爆炸。如果有某种可能性找到一个暂态量子小点并加入爱因斯坦的广义相对论方程中,该方程就反映出量子气泡膨胀得甚至比光速还要快,仅用10^{-34}秒就能把尺寸扩大1倍。宇宙学家称之为"暴胀"(即inflation,参见第八章),引力这种极为不同的外观放大了热的一个暂态量子小点,把物质和反物质压缩成一个足球大小的能生存的"宇宙"。由于存在的必要性,物质和反物质不得不解决它们的区别,结果接着开始见到引力较和缓的第二副面孔。物质极力想拉到一起并停止这种最初的膨胀。引力最初膨胀阶段和后来的吸引聚集物质的拉力之间的拉锯战,从来就没停止过。

如果宇宙包含足够多的物质,物质间的引力吸引最终会使宇宙的膨胀停下来。引力的拉力最终会克服它最初的推力,宇宙反而开始收缩,并最终在一场"大坍聚"中坍缩。如果不包含足够多的物质,宇宙就会在大爆炸的引力推动下永远膨胀下去。根据我们估计的尚不完全的宇宙中的物质存量,宇宙学家只能估算这两种方案中哪一种是正确的。

如果发生最终的大坍聚的话,宇宙将会毁灭。不过,由于无情的引力拉力而导致的不明显的危机却无时不在。在脱离引力牵拉之前火箭需要达到的"临界"速度取决于它想要逃离的恒星或行星的质量。逃离地球所需的速度大约是11千米每秒,而要逃离月球则只要2.4千米每秒。对更重的恒星,逃逸速度最终会达到光速,因此即使光本身也可能逃不出这些恒星。这类重恒星由于引力作用而成为永久的"黑洞"(black hole),它是宇宙表面的一种裂缝,能吞没它周围的任何东西。黑洞从不显示它曾经是什么的任何痕迹,由反物质恒星坍缩形成的黑洞与其他黑洞看起来完全相同。宇宙的反物质可能已被禁闭在黑洞中了。

膨胀的宇宙

引力的吸引和排斥这两方面间的永久的斗争可以从宇宙膨胀的方

式中看出来。就在100年前,天文学家相信我们所在的星系(即银河系)包含了宇宙中所有的星体。他们说,宇宙可能是更大的,但其周围的虚空乃是空无一物而且毫无意义。在20世纪的哥白尼革命中,美国天文学家哈勃(Edwin Hubble)发现宇宙的固态物质比我们所在的银河系延伸得更远,而且这些遥远的星系看起来正在彼此分离。星系越远,它所发出的光到达我们这里所用的时间就越长,而且该星系的像也就越年轻。这些遥远的星系看起来比那些离我们近一些的(因此看起来也更老一些的)退行得更快,这就是著名的"哈勃膨胀"(Hubble expansion)。来自那些几十亿光年之外的遥远星系所发出的暗淡的光是在宇宙年轻时所发射出来的,大爆炸的暴胀后果还没有因其所含物质间的拉力而完全消解。

测量这些遥远星系的退行速度,使宇宙学家能够估算出宇宙的年龄。星系越远,看起来它退行得就越快。看起来膨胀得越快,从大爆炸后所经过的时间就越长。这些测量是件很难的事,这是由于遥远的星系需要独立的距离测量。因此有杂志报道说,宇宙比它最老的恒星还要年轻,即是一种"新瓶装老酒"的困境。最近几年,由哈勃太空望远镜从地球外层的有利地点拍摄的奇妙清晰的图像,已经解决了这些问题。

有种关于宇宙演化方式的新观点是来自扫描超新星星系爆发的地基望远镜。某些超新星总是以同样的方式产生,而且所引起的所有爆炸都应该同样强大。所有这样的超新星因而都同样明亮,进行观测时对比其从地球上所见到的表观强度,就能得到它们的相对距离的可靠的测量值。最近几年,望远镜收集了超新星的一些数据,通过对比这些信号,天文学家现在发现,哈勃膨胀并不是事情的全部,哈勃膨胀由于物体彼此的引力吸引而极为缓慢。现在看来,宇宙的膨胀是慢慢地加速而不是减速——强大的引力推动仍与我们更加熟悉的引力吸引在一起共同发挥作用。在宇宙膨胀、其中的物质被推开更远的同时,引力的拉力减少,物质又开始再次感到引力的推动。引力作为能使行星保持在其轨道上、使物体落到地面的一种吸引力的这种日常图像只是一种"局部"绘景,其有效距离远远小于从大爆炸以来光线所走过的距离。

为容忍这些效应,大胆的理论家已构建了新的绘景。除了所有质量(不论是物质还是反物质)之间常规的吸引之外,它引入了引力的一种新分量,在其中物质带有一种像电荷一样的新标签。以与电荷排斥相同而与电荷吸引不同的同样方式,引力的新面孔是物质与物质间或

图14.2　1998年6月,从位于俄罗斯"和平号"空间站(Mir)舱体前面的"和平号"空间站入船坞看到的载物舱舱门打开的"发现号"航天飞机。与"和平号"空间站配备的大矩形容器一样,"发现号"也携带了带有阿尔法磁谱仪(AMS)的一个小型组件(aft)。这是为了在国际空间站上部署AMS所进行的一次预研究,其任务是探测核宇宙反物质(NASA提供)。

反物质与反物质间的一种排斥，可是物质与反物质之间则互相吸引。与萨哈罗夫提出的微妙的物质—反物质不对称性一样，这种陌生的引力效应也有助于宇宙形成和决定反物质的命运。

探索宇宙反物质

1998年6月2日，当"发现号"航天飞机从NASA的肯尼迪航空中心起飞之时，它载有2吨重的阿尔法磁谱仪（AMS），这是带入地球轨道进行的第一个重要的粒子物理实验。在国际空间站（21世纪重大科学项目之一）上重新部署AMS之前，这次为期10天的预研究为该项目提供了宝贵的经验。AMS的任务是寻找核宇宙反物质。从其有利的轨道点，这个高技术AMS探测器将会细致地检测高高在地球大气层这个保护屏之上的宇宙线的成分。如果确实找到核宇宙反物质，将有助于解开创生之时就已显然设计好隐藏自身的一半的这个谜团。尽管因此而受欢迎，但这种正面的结果仍将与从可见宇宙深处被拖得如此之远的所有宇宙信号之中的反物质存在的负面证据相抵触。我们对宇宙论以及宇宙起源的理解，还需要一番重要的重新思考，还需要一场21世纪的哥白尼革命。

图书在版编目(CIP)数据

反物质:世界的终极镜像/(英)戈登·弗雷泽著;江向东,黄艳华译. —上海:上海科技教育出版社,2019.1(2024.5重印)

(哲人石丛书:珍藏版)

ISBN 978-7-5428-6912-8

Ⅰ.①反… Ⅱ.①戈… ②江… ③黄… Ⅲ.①反物质—普及读物 Ⅳ.①P14-49

中国版本图书馆CIP数据核字(2018)第303149号

责任编辑	柴元君　王世平	**出版发行**　上海科技教育出版社有限公司
	王怡昀	(201101 上海市闵行区号景路159弄A座8楼)
封面设计	肖祥德	网　　址　www.sste.com　www.ewen.co
版式设计	李梦雪	印　　刷　常熟市文化印刷有限公司
		开　　本　720×1000　1/16
反物质——世界的终极镜像		印　　张　14.25
[英]戈登·弗雷泽　著		版　　次　2019年1月第1版
江向东　黄艳华　译		印　　次　2024年5月第5次印刷
		书　　号　ISBN 978-7-5428-6912-8/N·1051
		图　　字　09-2018-1065号
		定　　价　38.00元